国家骨干院校重点建设专业校企合作教材

Fengtian Jiaoche TSD Shixun Jiaocheng

丰田轿车 TSD 实训教程

李恒宾　郭文彬　主编

人民交通出版社

内 容 提 要

本书主要内容包括：丰田轿车发动机机械系统、丰田轿车发动机电子控制系统、丰田轿车底盘系统、丰田轿车灯光系统、丰田轿车车身舒适系统、丰田轿车维护6个项目。本教材内容突出能力培养，以学生为主体，注重技能训练，实现一体化教学，并渗透素质教育。

本书可供高等职业教育汽车运用技术专业教学用书，也可作为汽车行业岗位培训或汽车维修技术人员学习参考用书。

图书在版编目(CIP)数据

丰田轿车TSD实训教程 / 李恒宾，郭文彬主编. —北京：人民交通出版社，2013.2

ISBN 978-7-114-10427-5

Ⅰ. ①丰… Ⅱ. ①李… ②郭… Ⅲ. ①轿车-车辆修理-高等职业教育-教材 Ⅳ. ①U469.110.7

中国版本图书馆CIP数据核字(2013)第041665号

国家骨干院校重点建设专业校企合作教材

书　　名：丰田轿车TSD实训教程
著 作 者：李恒宾　郭文彬
责任编辑：卢仲贤　刘　君　周　凯
出版发行：人民交通出版社
地　　址：(100011)北京市朝阳区安定门外外馆斜街3号
网　　址：http://www.ccpress.com.cn
销售电话：(010)59757973
总 经 销：人民交通出版社发行部
经　　销：各地新华书店
印　　刷：北京交通印务实业公司
开　　本：787×1092　1/16
印　　张：7.75
字　　数：198千
版　　次：2013年2月　第1版
印　　次：2013年2月　第1次印刷
书　　号：ISBN 978-7-114-10427-5
定　　价：26.00元

序

2010年青海交通职业技术学院跻身于全国高职院校“百强”行列，成为西北地区唯一一所交通运输类国家骨干高职院校。汽车运用技术专业群是国家骨干高职院校重点建设项目之一。

本套教材基于汽车运用技术专业“厂校融通、项目引领、三段递进”312人才培养模式，结合现代职业教育理念，以一汽大众汽车、北京现代汽车、丰田汽车、奇瑞汽车四种车系为基础，系统地、科学地将四种品牌汽车知识、新技术、操作规范及在专业中的应用技能进行了整合，引导学生在掌握基本的汽车理论基础后，结合实际的职业岗位能力要求，进行四种车系专项技能学习。

本套教材的内容是在企业调研的基础上，吸收高职高专课程体系改革的先进理念，结合专业特色进行整合的共享型资源，具有较强的指导性、应用性。

本套教材是在多年贯彻“工学结合、校企合作”人才培养模式的教学改革经验的基础上，以职业能力培养为目标，由企业技术人员和学校教师共同编写，体现了学校教学和企业实践的有机统一，传统工艺和现代技术的有机融合，并严格贯彻最新标准、规范、工艺和规程要求。编写过程中注重特定教学对象的认识能力和认知规律，采用图文结合的形式，力求直观明了，提供一种提高学生职业素养和职业能力的解决方案，切实做到了理论够用、重在实践。

本教材的主要特点是：

1. 从企业的需要出发，重塑教学目标

本教材是从企业的需要及学生的职业发展出发，让学生通过品牌汽车专门化学习，能够切实找到自己的职业发展方向或者是能较好地适应未来企业的用人需要。

2. 从人才培养的目标出发，重整教学内容

汽车技术涉及的品牌、范围、层面、内容非常广泛，本教材以丰田、一汽大众、奇瑞和北京现代四种车系基本知识为基础，以面向高职学生的技能实务为主线，把握重点、落到实处。

本教材在编写过程中，参考了近5年来不同版本的本科、专科及中职相关教材、教学参考资料及相关车系4S店提供的信息资料，在此谨向各位参考文献的编写专家及提供信息资料的相关个人、部门表示衷心的感谢。

青海交通职业技术学院
国家骨干院校重点建设专业校企合作教材编审委员会
汽车运用技术专业建设委员会
2012年12月

前　言

2011 年，青海交通职业技术学院被教育部批准，建设国家骨干高职院校，汽车运用技术专业被列为骨干校建设试点专业。汽车运用技术专业人才培养模式与课程体系改革以创新校企合作、工学结合、“厂校融通、项目引领、三段递进”312 人才培养模式，以丰田、一汽大众、奇瑞、现代四种品牌汽车为 TSD 训练区为核心，校企共同研究开发课程体系，按照汽车运用技术专业人才培养目标要求，构建基础技能养成、TSD 训练区、顶岗实习三大教学领域，形成 3 个平台、9 个项目的能力递进式课程体系。

本书根据“厂校融通、项目引领、三段递进”312 人才培养模式中的品牌汽车 TSD 训练区的建设要求，校企共同研究，按照项目引领、任务驱动的教学理念，开发出北京现代轿车发动机机械系统、北京现代轿车发动机电子控制系统、北京现代轿车底盘系统、北京现代轿车电气系统、北京现代轿车舒适系统、北京现代车型维护六个教学项目。突出能力培养，突出以学生主体，注重技能训练，实现一体化教学，并渗透素质教育。

本书在编写过程中得到青海金岛汽车贸易有限公司北京现代 4S 店智力和技术支持，并特邀北京现代 4S 店车间技术经理左海参加编写与技术指导，按照不同的项目介绍了北京现代汽车检测与维修方法，具有较强的针对性和实用性。本书可作为高职高专汽车类相关专业教材，也可作为中职汽车运用于维修专业的教材，同时也可作为汽车高级维修工培训教材。

本书由青海交通职业技术学院田介春担任主编，熊建国担任主审。参加本书编写工作的有青海交通职业技术学田介春（编写项目一、项目二、项目三、项目六）、郭文彬（编写项目四、项目五）。本书在编写过程中得到了有关领导和老师的大力支持，在此一并表示诚挚的感谢。

由于时间仓促，加之编者水平有限，书中难免存在不足之处，恳请读者给予批评指正。

编　者

2012 年 10 月

目　　录

项目一　丰田轿车发动机机械系统

Z 知识目标

1. 了解丰田汽车公司的发展史和企业文化；
2. 认识和了解汽车常用维修工具、量具和举升设备的选用及使用方法；
3. 熟知汽车检修工作安全规范；
4. 熟知 1ZR 发动机的总体构造。

N 能力目标

1. 正确使用汽车常用维修工具、量具和举升设备；
2. 在汽车检修工作中能遵守安全操作规范；
3. 会使用丰田 SST 专用工具；
4. 熟练进行丰田轿车发动机机械系统拆装。

S 素质目标

1. 提高自我学习能力；
2. 加强交流沟通能力；
3. 增强团结协作能力；
4. 提高安全操作能力。

任务一　了解丰田汽车公司的发展史和企业文化

一、丰田汽车公司的发展史

丰田汽车公司，简称“丰田”（TOYOTA），创始人为丰田喜一郎，是一家总部设在日本爱知县丰田市和东京都文京区的汽车工业制造公司，前身为日本大井公司。丰田是世界十大汽车工业公司之一，日本最大的汽车公司，创立于 1933 年。丰田汽车隶属于丰田财团，丰田财团是以丰田佐吉创立的丰田自动织机为母体发展起来的庞大企业集团。截至 2007 年 11 月，丰田汽车员工总数达到 30.9 万人。

丰田汽车公司自 2008 年始逐渐取代通用汽车公司而成为全世界排行第一位的汽车生产厂商。丰田还立足于汽车产业的未来，不断在环保和新能源领域投资，成为环保汽车的领军者。

二、丰田汽车公司的企业文化

1. 丰田标志的含义

丰田公司的 3 个椭圆的标志是从 1990 年初开始使用的。标志中的大椭圆代表地球，中间由两个椭圆垂直组合成一个T字，代表丰田公司，如图1-1所示。它象征丰田公司立足于未来，对未来的信心和雄心，还象征着丰田公司立足于顾客，对顾客的承诺保证，象征着用户的心和汽车厂家的心是连在一起的，具有相互信赖感，同时喻示着丰田的高超技术和革新潜力。

图1-1 丰田汽车车标

2. 丰田的服务理念

(1)顾客的利益占第一位，其次是经销商，制造商则是第三位。丰田是以汽车的形式将利益和满足出售。

(2)通过提供一流的优质产品和一流的售后服务来获得客户最大满意度，实现顾客满意第一的工作目标。

3. 丰田的培训理念

作为企业文化和人力资源管理相结合中的一部分，丰田公司的企业教育取得了很大的成果。较高的教育水平和企业人才培训体系的建立，是企业乃至社会经济飞速发展的基础。这一点，在丰田的企业文化和人力资源管理中得到了证实。丰田公司对新参加公司工作的人员，有计划地实施主业教育，把他们培养成为具有独立工作本领的人。这种企业教育，可以使受教育者分阶段地学习，并且依次升级，接受更高的教育，从而培养出高水平的技能工人。在丰田教育的范围不仅仅限于职业教育，而且还进一步深入到个人生活领域。教育的目标，具有作为生活中的实际意义而能够为员工普遍接受。

任务二 丰田轿车机械系统拆装与检修基本技能训练

一、常用拆装工具的使用

(一)手锤的使用

1. 手锤的种类

手锤，由锤头和手柄组成。锤头质量有0.25kg、0.5kg、0.75kg、1kg等。锤头形状有圆头和方头锤、钣金锤等，按锤头材料不同可分为铁锤、软面锤(木锤、橡胶锤、塑料锤)等。手柄用硬杂木制成，长一般为32～35mm。

1)铁锤

铁锤锤头的材料多由碳素工具钢锻制而成，在汽车维修中经常用到的铁锤有圆头锤、方锤、钣金锤等。

(1)圆头锤是最常用的一种锤子，它一头为平头，另一头为圆头，如图1-2所示。圆头用来铆接和锤击垫片。

(2)平头锤用来锤击冲子和錾子等工具。

(3)方锤又称大锤，制造材料为高碳钢，主要用于重型击打。

(4)钣金锤的头部为楔形，主要用于钣金整形或圆头锤不便接近的角落。

注意：严禁使用铁锤直接锤击配合表面及易损部位，因为铁锤会损坏低硬度材料制成的部件，例如铝制外壳或汽缸盖等，如图1-3所示。

2)软面锤(软头锤)

(1)软面锤主要用来击打不允许留下痕迹或易损坏的部位，如图1-4所示。

(2)很多软面锤为增加惯性在内部装有铅或铜等金属。

(3)软面锤应用在汽车装配过程中,用于敲击零部件,从而使零件之间形成更好的配合。

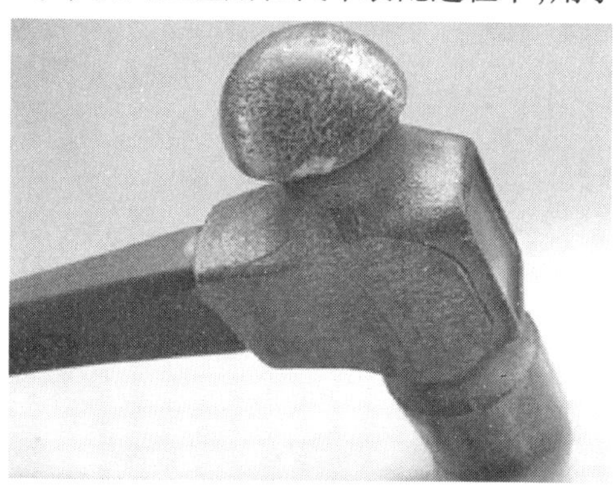

图1-2　圆头锤

图1-3　严禁使用铁锤直接锤击配合表面及易损部位

2.手锤的使用方法

1)手锤的握法

(1)紧握法:右手5个手指紧握锤柄,大拇指合在食指上,虎口对准锤头方向(木柄椭圆的长轴方向),木柄尾端露出15~30mm。在敲击和挥锤过程中,5个手指始终紧握锤柄,如图1-5所示。

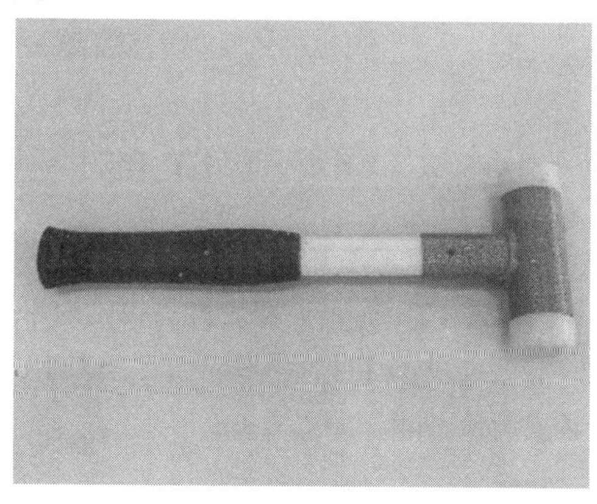

图1-4　软面锤

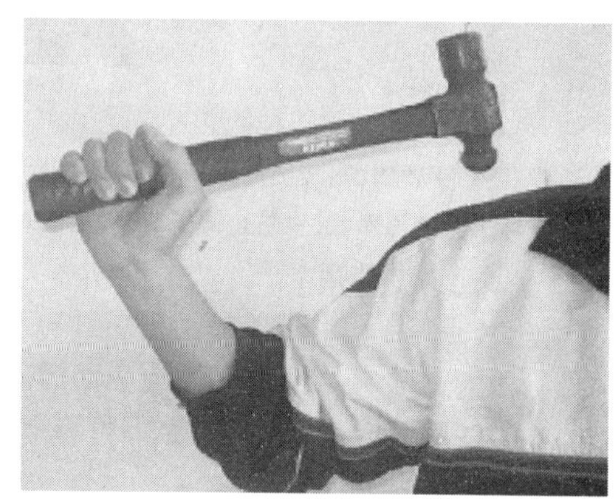

图1-5　手锤紧握法

(2)松握法:只有大拇指和食指始终握紧锤柄,其余3个手指在挥锤时,按小指、无名指、中指顺序依次放松;在敲击时,又以相反的次序收拢握紧,这种方法的优点是手不易疲劳,且产生的敲击力较大,如图1-6所示。

注意:手握锤柄的位置不要太靠近锤头,而要尽量靠近手柄的末端,因为这样打击时才会更省力、更灵活。

2)挥锤方法

(1)腕挥:挥锤时仅用手腕的动作来进行捶击运动,捶击力小。采用紧握法握锤,一般应用于需求锤击力较小的加工工作,如图1-7所示。

(2)肘挥:挥锤时手腕与肘部一起挥动完成捶击运动,敲击力较大。采用松握法握锤,这是一种常用的挥锤方法,如图1-8所示。

(3)臂挥:挥锤时腕、肘和臂联合动作,锤头要过耳背,捶击力最大。它适用于需要大锤击打的工作,如图1-9所示。

图1-6　手锤松握法

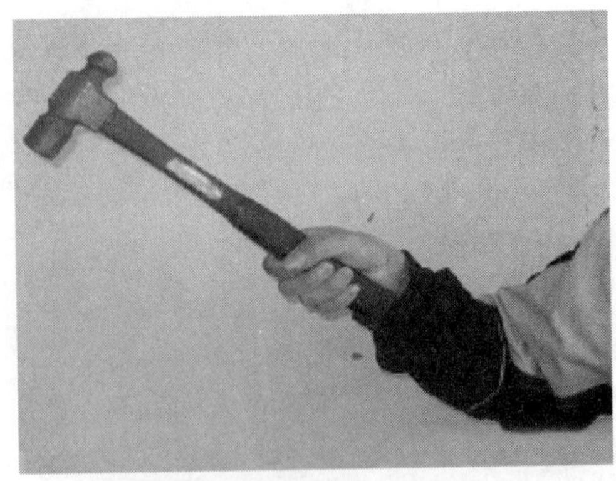
图1-7　挥锤的方法:腕挥

图1-8　挥锤的方法:肘挥

图1-9　挥锤的方法:臂挥

注意:使用手锤时,眼睛要注视工作物,锤头面要和工作面平行,以确保锤面平整地打在工件上,不得歪斜,避免破坏工件表面形状,也防止锤子击偏,造成人员受伤和设备受损。

(二)螺丝刀的使用

螺丝刀,是用来拧紧或旋松带槽螺钉的工具。使用螺丝刀时,要求螺丝刀刃口端应平齐,并与螺钉槽的宽度一致,螺丝刀上应无油污。让螺丝刀刃口与螺钉槽完全吻合,螺丝刀中心线与螺钉中心线同心后,拧转螺丝刀,即可将螺钉拧紧或旋松,如图1-10所示。

(三)钳子的使用

(1)鲤鱼钳:用手夹持扁的或圆柱形零件,带刃口的可以切断金属。

使用时,擦净钳子上的油污,以免工作时打滑。夹牢零件后,再弯曲或扭切;夹持大零件时,将钳口放大。不能用钳子拧转螺栓或螺母,如图1-11所示。

图1-10　螺丝刀

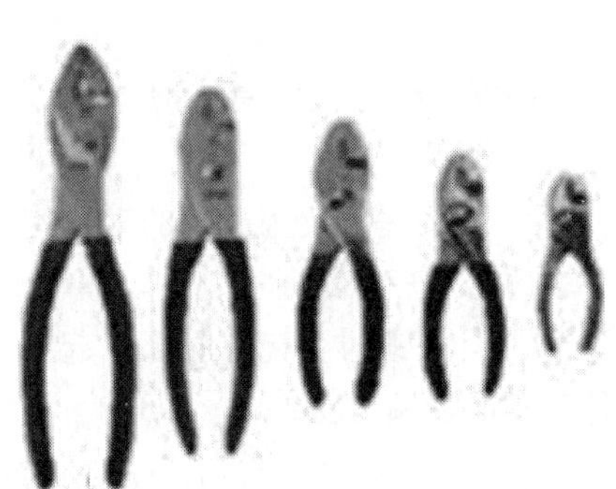
图1-11　鲤鱼钳

(2)尖嘴钳:用于在狭小地方夹持零件,如图 1-12 所示。

(四)扳手的使用

扳手用于拆装有棱角的螺栓和螺母。汽车修理常用的有开口扳手、梅花扳手、套筒扳手、活络扳手、力矩扳手、管子扳手和特种扳手,如图 1-13 所示。

图 1-12 尖嘴钳

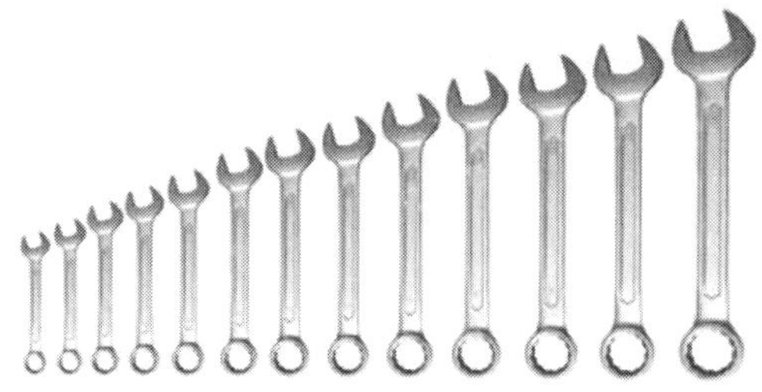
图 1-13 扳手

开口扳手适用于拆装一般标准规格的螺栓和螺母;梅花扳手能将螺栓或螺母的头部套住,工作时不易滑脱。有些螺栓和螺母受周围条件的限制,梅花扳手尤为适用;套筒扳手适用于拆装某些螺栓和螺母由于位置所限,普通扳手不能工作的地方。拆装螺栓或螺母时,可根据需要选用不同的套筒和手柄;活络扳手的开度可以自由调节,适用于不规则的螺栓或螺母。使用时,应将钳口调整到与螺栓或螺母的对边距离同宽,并使其贴紧,让扳手可动钳口承受推力,固定钳口承受拉力;力矩扳手用以配合套筒拧紧螺栓或螺母。在汽车修理中力矩扳手是不可缺少的,如汽缸盖螺栓、曲轴轴承螺栓等的紧固都须使用力矩扳手;特种扳手或称棘轮扳手,应配合套筒扳手使用。一般用于螺栓或螺母在狭窄的地方拧紧或拆卸,它可以不变更扳手角度就能拆卸或装配螺栓或螺母。

(五)机油滤清器扳手的使用

常见的一次性机油滤清器直径都在 8cm 以上,顶部被冲压成多棱面(就像一个大螺母),如图 1-14 所示。如要拆装需使用专用机油滤清器扳手。

常见的机油滤清器扳手类型很多,结构各异,但作用相同,使用操作方法也基本相似。这里以杯式滤清器扳手为例。

杯式滤清器扳手:这种滤清器扳手类同一个大型套筒,拆卸不同车型的滤清器需要不同尺寸的滤清器扳手,在购买时多为组套形式配装,如图 1-15 所示。

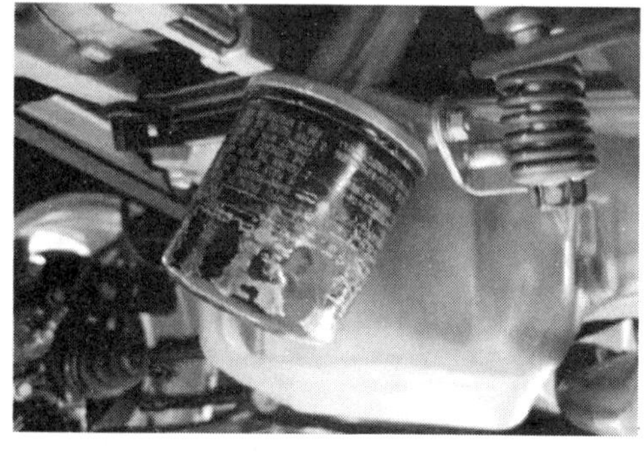
图 1-14 机油滤清器

图 1-15 机油滤清器扳手

使用时将杯式滤清器扳手套在机油滤清器顶部的多棱面上,使用方法同套筒扳手,如图 1-16所示。

(六)火花塞套筒

火花塞套筒专用于火花塞的拆卸及更换,可视为长套筒的一种变形形式,采用薄壁结构以避免与其他部分干涉,如图 1-17 所示。

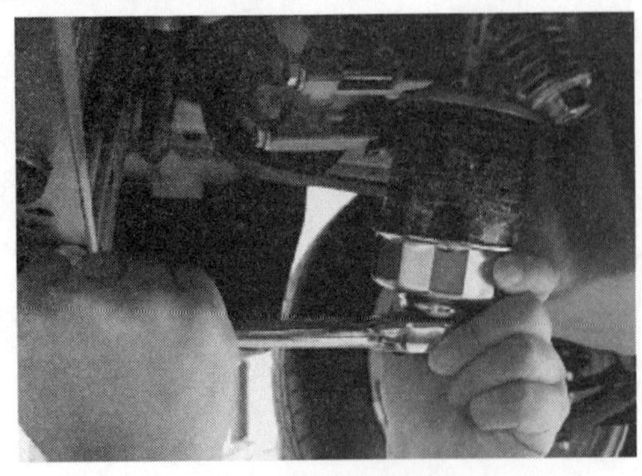

图 1-16　机油滤清器扳手的使用

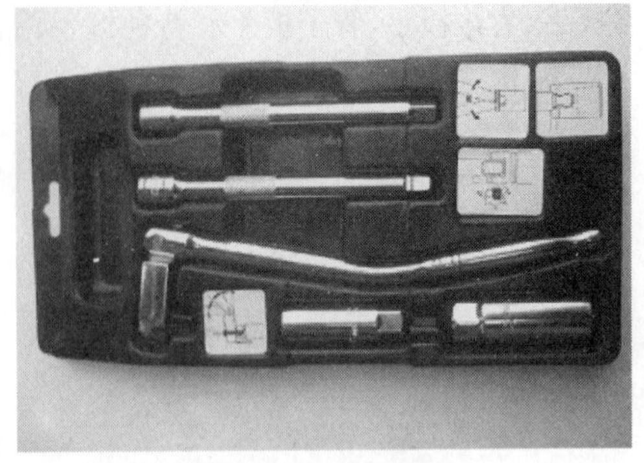

图 1-17　火花塞套筒

现在的车型主要使用 16mm 类型的火花塞套筒,旧车型也有采用 21mm 类型的。

套筒内部装有磁铁或橡胶圈,因为大多数火花塞都是朝下布置的,必须从火花塞孔深处朝上取出,所以采用橡胶圈或磁铁来防止火花塞掉落。火花塞保持在套筒中时,也要小心操作,防止其坠落、损坏电极,如图 1-18 所示。

装复火花塞时,为了确保火花塞能正常地装入缸盖中,首先要用手仔细地旋转套筒,使火花塞螺纹带入后,再用配套手柄将其紧固。

火花塞紧固力矩要参考车辆维修手册,一般在 1.77 ~ 1.96N · m(180 ~ 200kgf · cm)范围内。

二、汽车常用量具的使用

(一)千分尺的使用

1. 千分尺的结构

千分尺也称为螺旋测微器,它是利用螺纹节距来测量长度的精密测量仪器,是一种用于测量加工精度要求较高的零部件,汽车维修工作中一般使用可以测至 1 ~ 100mm 的千分尺,其测量精度可达到 0.01mm。

外径千分尺是用于外径宽度测量的千分尺,测量范围一般为 0 ~ 25mm。根据所测零部件外径粗细,可选用测量范围为 0 ~ 25mm、25 ~ 50mm、50 ~ 75mm、75 ~ 100mm 等多种规格的千分尺,如图 1-19 所示。

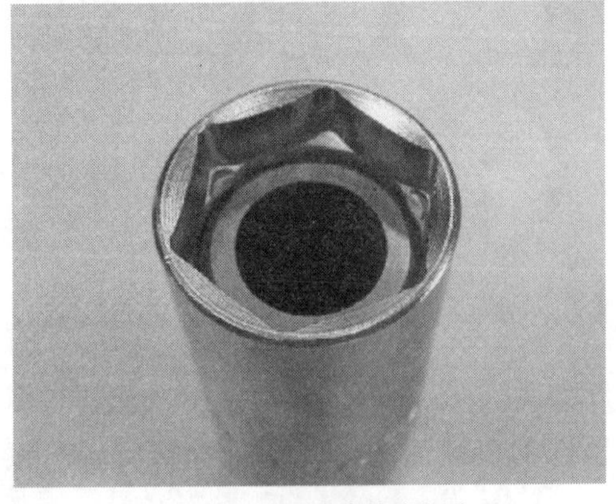

图 1-18　火花塞套筒放大图

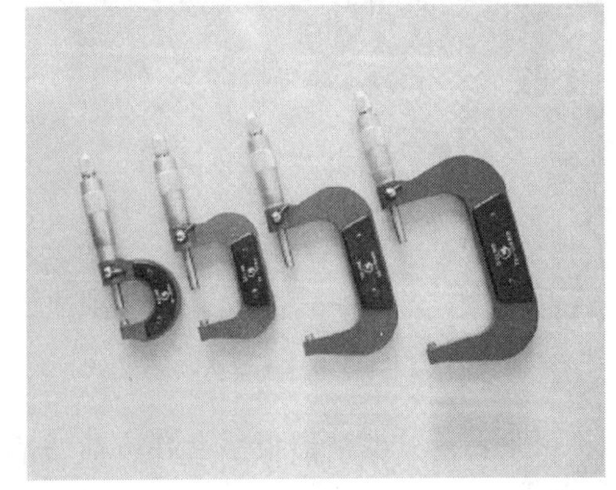

图 1-19　千分尺

外径千分尺的构造图 1-20 所示，主要由测砧、测微螺杆、尺架、固定套筒、活动套管、棘轮旋钮及锁紧装置等部件组成。

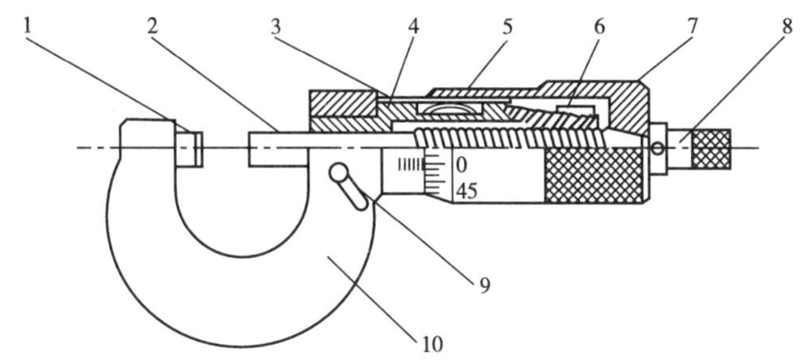

图 1-20　外径千分尺的构造

1-测贴;2-测微螺杆;3-固定套筒;4-微分筒;5-弹簧;6-锥形螺母;7-套管;8-棘轮旋钮;9-锁紧装置;10-尺架

固定套筒上刻有刻度，测轴每转动 1 周即可沿轴方向前进或后退 0.5mm。活动套管的外圆上刻有 50 等份的刻度，在读数时每等份为 0.01mm，如图 1-21 所示。

棘轮旋钮的作用是保证测轴的测定压力，当测定压力达到一定值时，限荷棘轮即会空转。如果测定压力不固定则无法测得正确尺寸，如图 1-22 所示。

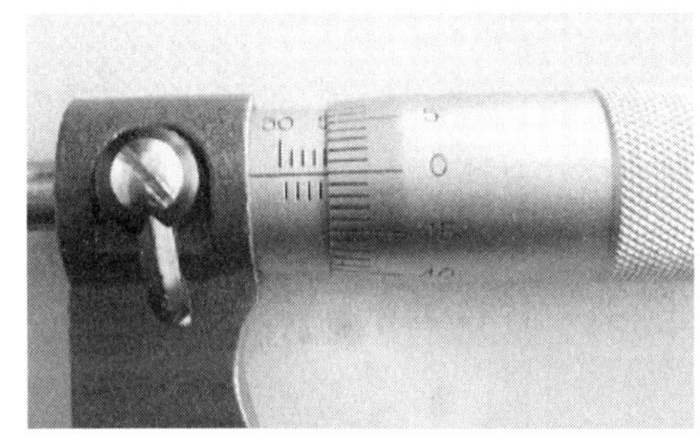

图 1-21　千分尺固定套筒上的刻度

图 1-22　千分尺的棘轮旋钮

2. 外径千分尺的读数

固定套筒刻度可以精确到 0.5mm，由此以下的刻度则要根据固定套筒基准线和活动套管刻度的对齐线来读取读数。

如图 1-23 所示，固定套筒上的读数为 55mm，活动套管上的 0.01mm 的刻度线对齐基准线，因此读数是：

$$55\text{mm} + 0.01\text{mm} = 55.01\text{mm}$$

3. 外径千分尺的使用注意事项

千分尺属于精密的测量仪器，在测量时应注意以下事项。

(1)使用前确保零点校正，若有误差请用调整扳手调整或用测定值减去误差。

(2)被测部位及千分尺必须保持清洁，若有油污或灰尘须立即擦拭干净。

(3)测量时请将被测面轻轻顶住砧子，转动限荷棘轮及套筒使测轴前进。

(4)测定时尽可能握住千分尺的弓架部分，同时要注意不可碰及砧子。

(5)旋转后端限荷棘轮，使两个砧端夹住被测部件，然后再旋转限荷棘轮一圈左右，当听到发出两三响“咔咔”声后，就会产生适当的测定压力。

(6)为防止因视差而产生误读，最好让眼睛视线与基准线成直角后再读取读数。

（二）游标卡尺的结构及使用

1. 游标卡尺的结构

游标卡尺又称四用游标卡尺，简称卡尺，是由刻度尺和卡尺制造而成的精密测量仪器，能够正确且简单地从事长度、外径、内径及深度的测量。在汽车维修工作中，0.02mm 精度的游标卡尺使用最多，如图 1-24 所示。

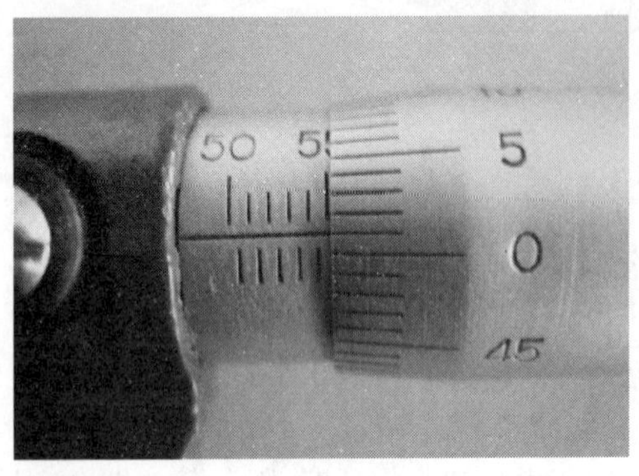

图 1-23 外径千分尺的读数

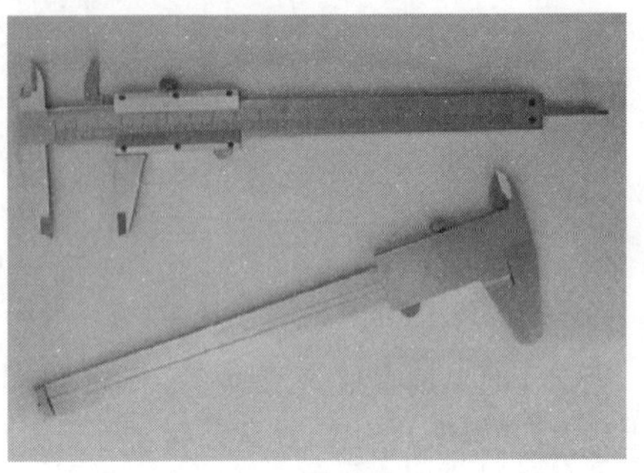

图 1-24 游标卡尺

常用的游标卡尺的测量范围是 0～150mm，应根据所测零部件的精度要求选用合适规格的游标卡尺。

游标卡尺的主要部分由一个带有刻度杆的固定量爪和一个滑动量爪（包括外量爪和内量爪）组成。尺身上刻有主刻度线，滑动爪上刻有游标刻度。游标刻度是将 49mm 平均分为 50 等份。

主刻度尺是以毫米来划分刻度的，将 1cm 平均分为 10 个刻度，在厘米刻度线上标有数字 1、2、3 等，表示为 1cm、2cm、3cm 等，如图 1-25 所示。

2. 游标卡尺的读数

读数时，首先读出游标零线左边与主刻度尺身相邻的第一条刻线的整毫米数，即测得尺寸的整数值，如图 1-26 所示，读数为 13.00mm。

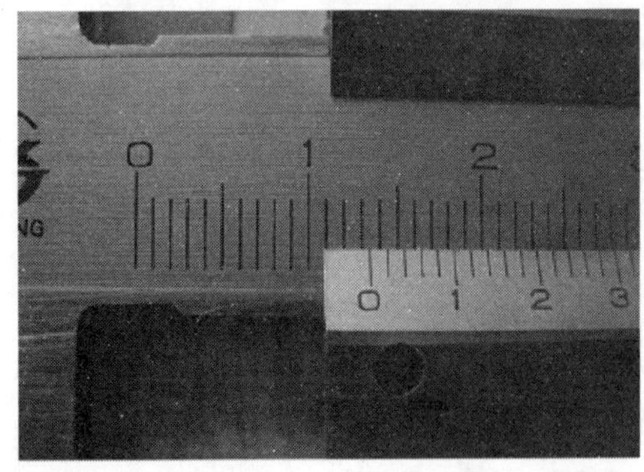

图 1-25 主刻度尺

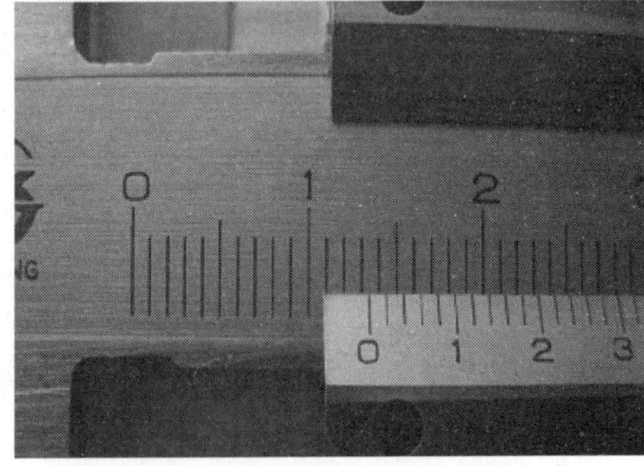

图 1-26 主刻度尺的读数方法

再读出游标尺上与主刻度尺刻度线对齐的那一条刻度线所表示的数值，即为测量值的小数，如图 1-27 所示，读数为 0.44mm。

把从尺身上读得的整毫米数和从游标尺上读得的毫米小数加起来即为测得的实际尺寸。

$13+(0.02\times22)=13+0.44=13.44$mm，22 为游标刻度尺从左边数共 22 个格。

3. 游标卡尺的使用

1）使用前的检查

（1）测定量爪的密合状态：主、副尺的量爪必须完全密合。内径测定用量爪在密合状态下，能够看到少许光线表示密合良好；反之，如果穿透光线很多，则表示量爪密合不佳，如图1-28所示。

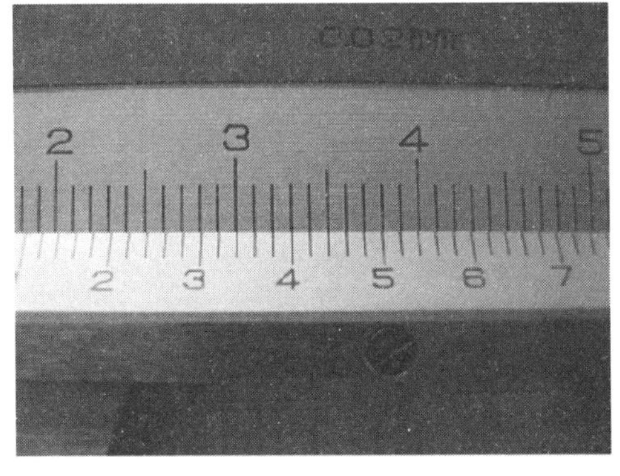

图1-27　游标尺的读数方法

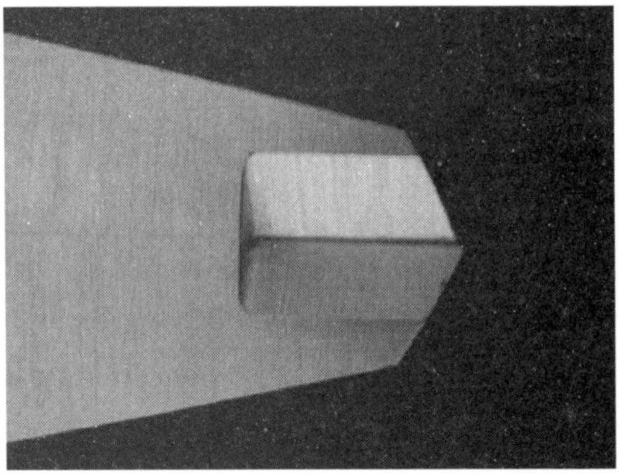

图1-28　游标卡尺密合状态检查

（2）零点校正：当量爪密切结合后，主副尺零点必须相互一致才是正确的。

（3）游标的移动状况：游标必须能够在主尺上轻轻地移动而不会发出声音。

2）测量操作

在从事测量作业之前，必须事先清理测量零件及游标尺。在测量外径时，需要将零件深夹在量爪中，然后用右手拇指轻压游标卡尺，同时使测定工件和游标卡尺保持垂直状态，如图1-29所示。

内径尺寸的测量，首先是用拇指轻轻拉开副尺，并使主尺量爪与测定物件保持正确的接触，上下晃动，由指示的最大尺寸读取读数，如图1-30所示。

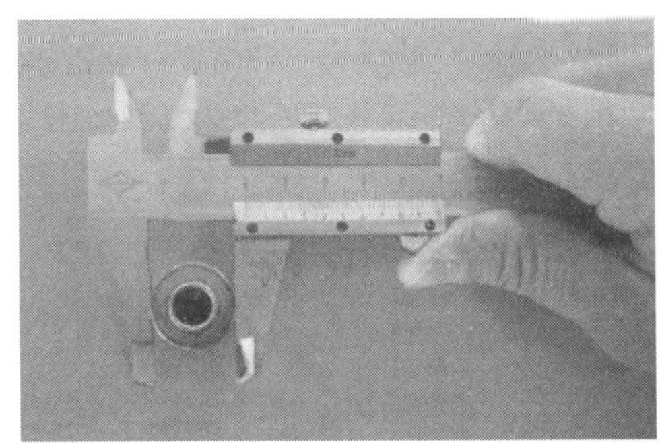

图1-29　游标卡尺外径的测量操作

图1-30　游标卡尺内径的测量操作

此外，用游标卡尺还可以测量汽车零部件的深度。

（三）量缸表的使用

量缸表也叫内径百分表，是利用百分表制成的测量仪器，也是用于测量孔径的比较性测量工具。在汽车维修中，量缸表通常用于测量汽缸的磨耗量及内径，如图1-31所示。

（1）量缸表需要经过装配才能使用。首先根据所测缸径的基本尺寸选用合适的替换杆件和调整垫圈，使量杆长度比缸径大0.5～1.0mm，如图1-32所示。

(2)将百分表插入表杆上部,预先压紧0.5~1.0mm后固定。

为了便于读数,百分表表盘方向应与接杆方向平行或垂直,如图1-33所示。

(3)将外径千分尺调至所测缸径尺寸,并将千分尺固定在专用固定夹上,对量缸表进行校零,如图1-34所示。

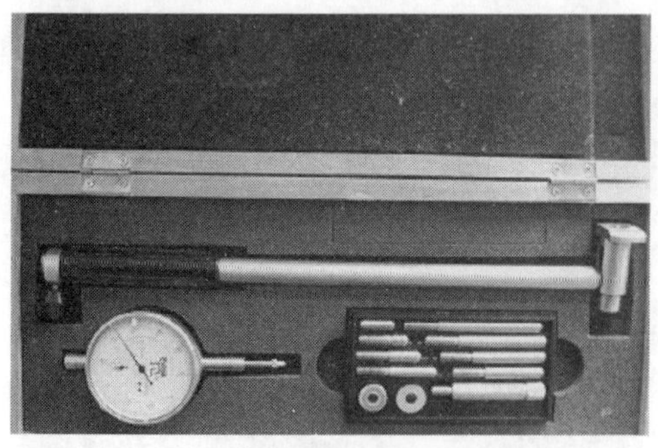

图1-31　量缸表

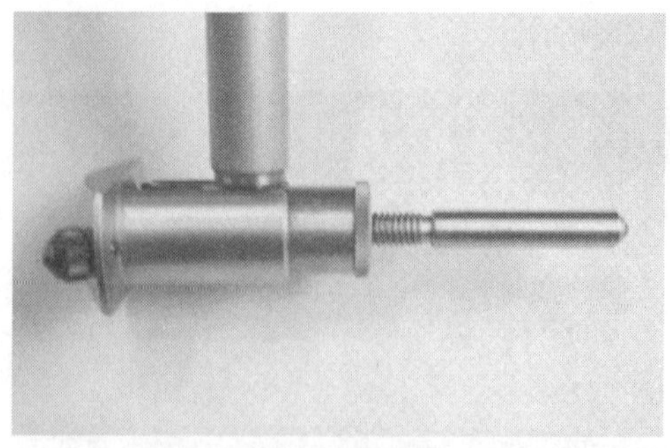

图1-32　量缸表杆件

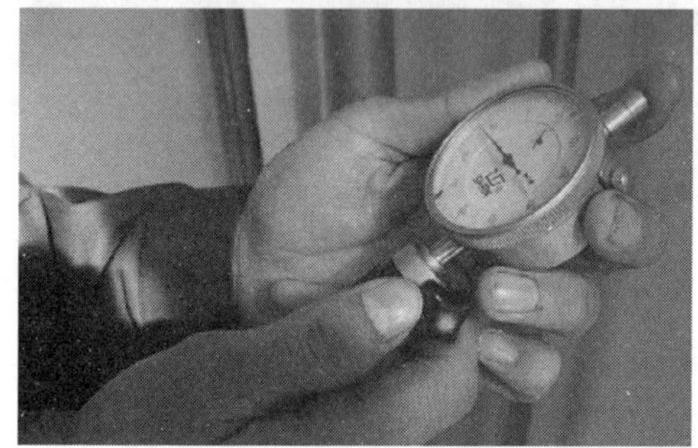

图1-33　百分表安装

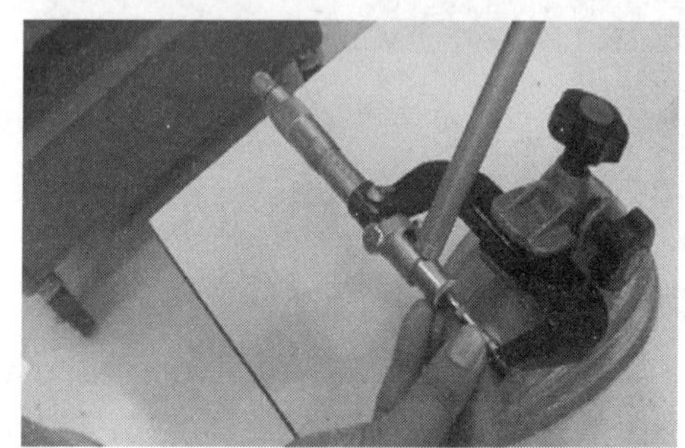

图1-34　量缸表校零

(4)当大表针逆时针转动到最大值时,旋转百分表表盘使表盘上的零刻度线与其对齐,如图1-35所示。

(5)慢慢地将导向板端(活动端)倾斜,使其先进入汽缸内,而后再使替换杆件端进入,如图1-36所示。

图1-35　百分表指针归零

图1-36　量缸表放入汽缸步骤

(6)在测定位置维持导向板不动,而使替换杆件的前端做上下移动并观测指针的移动量,当量缸表的读数最小且量缸表和汽缸呈真正直角时,再读取数据,如图1-37所示。

（四）塞尺的使用

塞尺又称厚薄规或间隙片，是一组淬硬的钢条或刀片，这些淬硬钢条或刀片被研磨或滚压成为精确的厚度，它们通常都是成套供应。在汽车维修工作中主要用于测量气门间隙、触点间隙和一些接触面的平直度等，如图 1-38 所示。

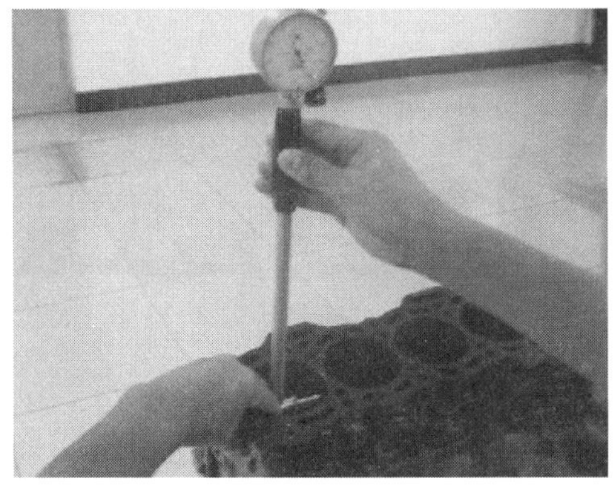

图 1-37　量缸的读数步骤

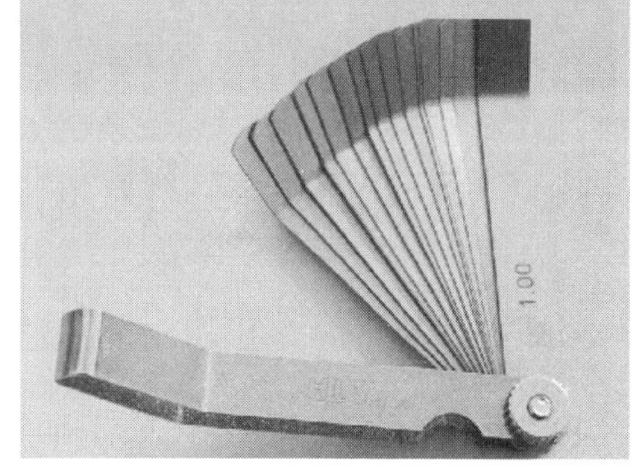

图 1-38　塞尺

每条钢片标出了厚度，它们可以单独使用，也可以将两片或多片组合在一起使用，以便获得所要求的厚度，如图 1-39 所示。使用塞尺测量时，应根据间隙的大小，先用较薄片试插，逐步加厚，可以一片或数片重叠在一起插入间隙内，插入深度应在 20mm 左右。

测量时，必须平整插入，松紧适度，所插入的钢片厚度即为间隙尺寸，如图 1-40 所示。

注意：严禁将塞尺用大力强插入缝隙测量。插入时应特别注意塞尺前端，不要用力过猛，否则容易折损或弯曲塞尺。

图 1-39　塞尺的厚度标示

图 1-40　塞尺的用法

测量后及时将测量片合到夹板中去，以免损伤各金属薄片。

塞尺上不得有污垢、锈蚀及杂物；塞尺使用完毕后要将测量面擦拭干净，并涂油。已发现有折损或标示刻度已经模糊不清的塞尺应立即予以更新，如图 1-41 所示。

三、汽车举升设备的使用

（一）双柱式举升器

1. 双柱式举升器结构

机械式双柱举升器是在每根立柱里有一套丝杆螺母传动结构，两套传动之间由藏于底架中的套筒滚子链来传递连接动力，使两根立柱里的托举系统保持同步上升。液压式举升器主立柱里的油缸通过主链条带动主滑架，再通过连于主滑架上的链条带动副立柱里的副滑架同步上升、下降，如图 1-42 所示。

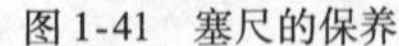

图 1-41　塞尺的保养

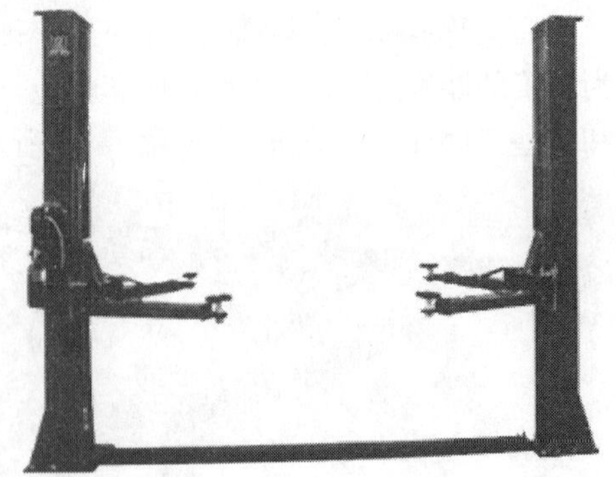

图 1-42　机械式双柱举升器

2. 使用方法

(1)举升臂应尽量缩到最小长度，举升胶垫应放在车辆推荐举升部位下面的中部，并调节举升胶垫以便均匀接触。

(2)先将举升臂升至举升胶垫完全接触车辆，检查是否已牢固负载。

(3)缓慢将车辆从地面升起确保平衡负载，再举升至所需工作高度。

(4)放开上升按钮，将车辆降低至安全保险位置，即可进行维修工作。

(5)放下车辆前应先举升车辆，将安全保险打开，再按下降按钮使车辆缓慢下降至举升臂放至最低为止，移开举升臂，驶出车辆。

3. 维护要求

1)每月进行的维护

(1)检查并重新拧紧地脚螺钉。

(2)用喷雾润滑剂润滑链条/缆索。

(3)检查所有的链条、连接器、螺栓和销，确保可靠牢固。

(4)目测检查所有的液压油管路可能出现的磨损情况。

(5)检查立柱内侧的滑块运动是否正确润滑。及时补充高质量的重润滑油脂。

(6)所有的地脚螺钉都应该完全拧紧。如果有螺钉因故不起作用的话，提升机不应使用，直至重新更换螺栓为止。

2)每六个月进行的维护

(1)对所有运动部件可能发生的磨损进行目测检查。

(2)检查所有滑轮的润滑情况。如果滑轮在升降期间出现拖动现象，则要对轮轴添加适量润滑油。

(3)检查并调节平衡缆索的张力，以确保提升机的水平升降。

(4)检查柱体的垂直度。

(二)四柱式举升器

1)四柱式举升器基本上都是液压传动式，工作油缸可以放置在两立柱之间的顶部、立柱里边、停车平台里边。和双柱举升器相比，四柱举升器可以进行较大型车辆举升作业，适用范围更广，如图 1-43 所示。

2)根据不同的使用目的，四柱机可以配置副梁，这样可以将车辆四个轮子架空，进行四轮维护操作，如图 1-44 所示。

3)使用方法

(1)每班使用前必须进行空载试车

①接通电源开关。

②按上升按钮,工作平台应能正常上升。松开按钮,工作平台应能可靠停止。

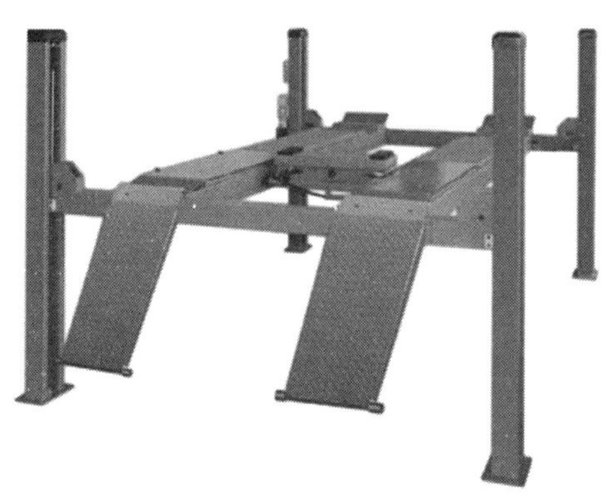

图1-43　四柱式举升器

图1-44　配副梁四柱式举升器

③上升到一定高度后停止,将工作平台挂钩挂上,此时四个挂钩必须能可靠地挂在立柱内的挂板上。

④转动换向阀供气时,四个挂钩应能完全脱离挂板。

⑤按下降按钮,工作平台应以正常速度下降,松开下降按钮,工作平台应能可靠停止。在上述工作过程中,机器应无异常噪声及其他不正常现象。

(2)举升机的负载作业

①将汽车驶上工作平台后,拉紧驻车制动器,驾驶员撤离工作平台。

②将防滑支座可靠地垫在汽车轮胎的前后方。

③不供气状态下,按上升按钮,将工作平台升至所需的高度。

④点动下降按钮,使四个挂钩均可靠地支承在挂板上,此时方可进入工作区进行维修或调整作业。

⑤修理或调整工作完毕后,点动上升按钮,将换向阀转至供气位置,使四个挂钩脱离挂板,按下降按钮,工作平台下降。

⑥工作平台降至下极限位置时,撤去防滑支座,将汽车驶离工作平台。

(三)无柱式举升器

1. 无柱式举升器概述

无柱式举升器以剪式举升机为主。由于无立柱,下降后整个维修区域无任何障碍物,因而视野开阔,节省空间,如图1-45所示。

2. 使用方法及注意事项

(1)工作前,排除机器周围和下方的障碍物。

(2)升降时,举升机规定区域和机器上下方以及平台上的车辆内不能有人。

(3)不能举升超过本机举升能力范围的车辆或其他货物。

(4)举升时,应在车辆底盘下方垫上胶垫。

图1-45　无柱式举升器

(5)升降过程中随时观察举升机平台是否同步,发现异常,及时停机,检查并排除故障后方能投入使用。

(6)下降操作时,先将举升平台上升一点,注意观察两保险爪与保险齿间是否完全脱开,否则停止下降。

(7)机器长期不用或过夜时,平台应降到最低位位置,并开走车辆,切断电源。

四、汽车检修工作安全规范

(一)汽车检修工作安全规范

(1)由于不正确使用机器或工具,穿着不合适的衣物,或由于技术员不小心可能会造成事故,因此应遵守汽车检修工作安全规范,如图 1-46 所示。

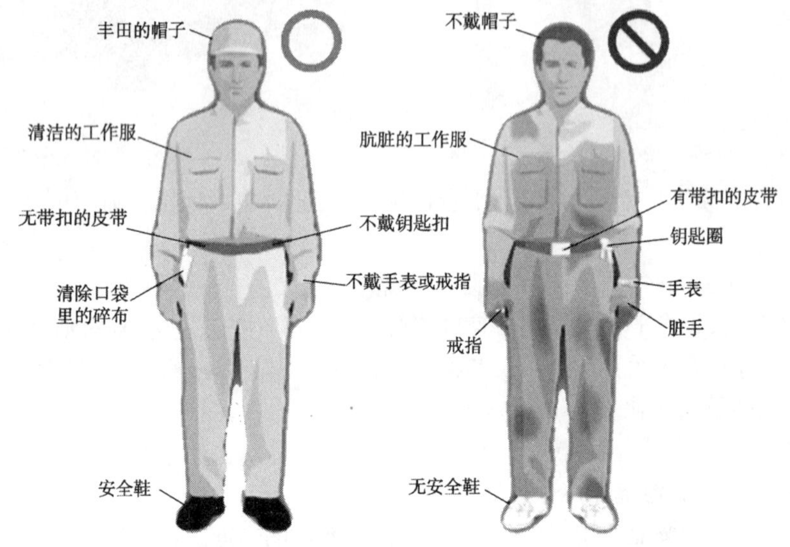

图 1-46　丰田维修人员着装规范

工作服:为防止事故的发生,工作服必须结实、合身,以便于工作。为防止工作时损坏汽车,不要暴露工作服的带子、纽扣,防止受伤或烧伤的安全措施是不要裸露皮肤。

工作鞋:工作时要穿安全鞋。因为穿着凉鞋或运动鞋危险,易摔倒并因此降低工作效率。他们还能使穿戴者容易因为偶然掉落的物体而受到伤害。

工作手套:提升重的物体或拆卸热的排气管或类似的物体时,建议戴上手套。然而,对于普通的维护工作,戴手套并非一项必需的要求。根据所要做的工作的类型来决定是否必须戴手套。

(2)由于机器或工具出现故障,缺少完整的安全装置,或者工作环境不良造成的事故,如图 1-47 所示。

(二)车间内的安全规范

(1)始终保持工作场地干净以免自己和其他人受到伤害。

(2)不要把工具或零件留在自己或者其他人有可能踩到的地方。应将其放置在工作架或工作台上,并养成好习惯。

(3)立即清理干净任何飞溅的燃油、机油或者润滑脂,防止自己或者他人滑倒。

(4)工作时不要采取不舒服的姿态。这不仅会影响自己的工作效率,而且有可能会使自己跌倒和伤害到自己。

（5）处理沉重的物体时要极度小心，因为如果它们跌落到自己的脚上可能会使脚受伤。而且，记住如果试图举起一个对自己来说太重的物体，自己的背部可能会受伤。

技师疏忽　　工作环境不良（无通风装置）

图 1-47　汽车检修环境对安全的影响

（6）从一个工作地点转移到另外一个工作地点时，一定要走指定的通道。

（三）使用工具工作时的安全规范（图 1-48）

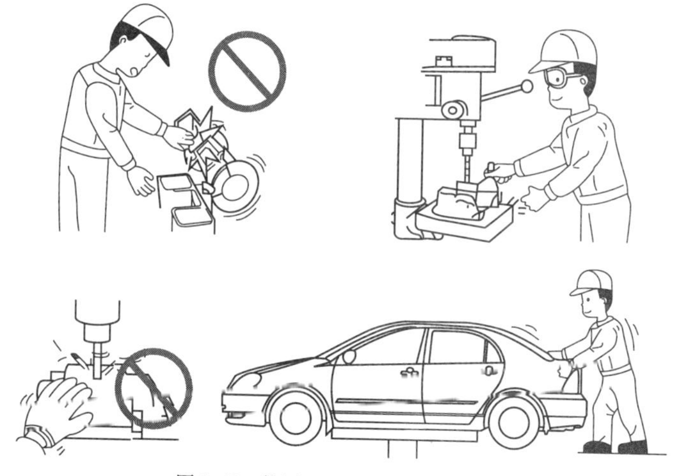

图 1-48　使用工具工作时的安全规范

（1）不正确地使用电气、液压和气动设备，可能导致严重的伤害。

（2）使用产生碎片的工具前，戴好护目镜。使用过砂光机和钻孔机一类的工具后，要清除其上的粉尘和碎片。

（3）操作旋转的工具或者工作在一个有旋转运动的地方时，不要戴手套。因为手套可能被旋转的物体卷入，伤到自己的手。

（4）用举升机升起车辆时，初步提升到轮胎稍微离开地面为止。然后，在完全升起之前，确认车辆牢固地支撑在举升机上。升起后，千万不要试图摇晃车辆，因为这样可能导致车辆跌落，造成严重伤害。

（四）防火安全规范

（1）如果火灾警报响起，所有人员应当配合扑灭火焰。因此，应加强防火安全规范管理，确保工作人员知道灭火器放在何处、如何使用。

（2）除非在吸烟区，否则禁止吸烟，并且要确认将香烟熄灭在烟灰缸里。

(3)吸满汽油或机油的碎布有时有可能自燃，所以应当被放置到带盖的金属容器内。

(4)在机油存储地或可燃的零件清洗剂附近，不要使用明火。

(5)千万不要在处于充电状态的电池附近使用明火或进行会产生火花的活动，因为充电状态的电池产生了可以点燃的爆炸性气体。

(6)仅在必要时才将燃油或清洗溶剂携带到车间，携带时应使用能够密封的特制容器。

(7)不要将可燃性废机油和汽油丢弃到阴沟里，因为它们可能导致污水管系统产生火灾。应将这些材料倒入一个排出罐或者一个合适的容器内。

(8)在燃油泄漏的车辆没有修理好之前，不要起动该车辆上的发动机。修理燃油供给系统，例如拆卸化油器时，应当从蓄电池上断开负极电缆以防止发动机被意外起动。

(9)如果发现电气设备有任何异常，应立即关掉开关，并联系管理员/领班。

(10)如果电路中发生短路或意外火灾，在进行灭火步骤之前首先关掉开关，向管理员/领班报告不正确的布线和电气设备安装。

(11)有任何熔断丝熔断都要向上级汇报，因为熔断丝熔断说明有某种电气故障。

(12)不要靠近断裂或摇晃的电线。

(13)为防止电击，千万不要用湿手接触任何电气设备。

(14)千万不要触摸标有"发生故障"的开关。

(15)拔下插头时，不要拉电线，而应当拉插头本身。

(16)不要让电缆通过潮湿或浸有油的地方、炽热的表面或者尖角附近。

任务三　丰田轿车发动机机械系统拆装与检修工艺

一、设备、工具和材料准备

1. 1ZR发动机拆装用台架一台。
2. SST专用工具、活塞环扩张器。
3. 常用工具一套。

二、准备工具、设备(图1-49)

图1-49　准备工具、设备

三、检查发动机外观

主要检查螺栓是否齐全、发动机外壳是否有裂纹、附件是否齐全等。

四、拆卸发动机

（一）拆卸排气管和排气管垫片

（1）用扳手拆卸排气管紧固螺栓（螺栓拧紧力矩 21N · m×5），如图 1-50 所示。

（2）拆下排气管衬垫，如图 1-51 所示。

图 1-50　拆卸排气管紧固螺栓

图 1-51　拆下排气管衬垫

（二）拆卸输油管分总成和喷油器

（1）用扳手拆卸输油管分总成紧固螺栓（螺栓拧紧力矩 21N · m×2），如图 1-52 所示。

（2）从输油管分总成上拆下 4 个喷油器，如图 1-53 所示。

图 1-52　拆卸输油管分总成紧固螺柃

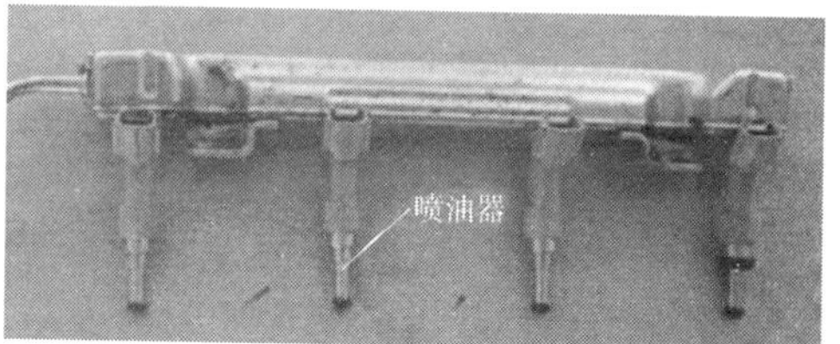

图 1-53　从输油管分总成上拆下 4 个喷油器

（三）拆卸进气歧管

用扳手拆卸进气歧管紧固螺栓（螺栓拧紧力矩 28N · m×5），如图 1-54 所示。

图 1-54　拆卸进气歧管紧固螺栓

(四)拆卸发电机(螺栓拧紧力矩:螺栓 A 19N·m,螺栓 B 43N·m),**如图 1-55 所示。**

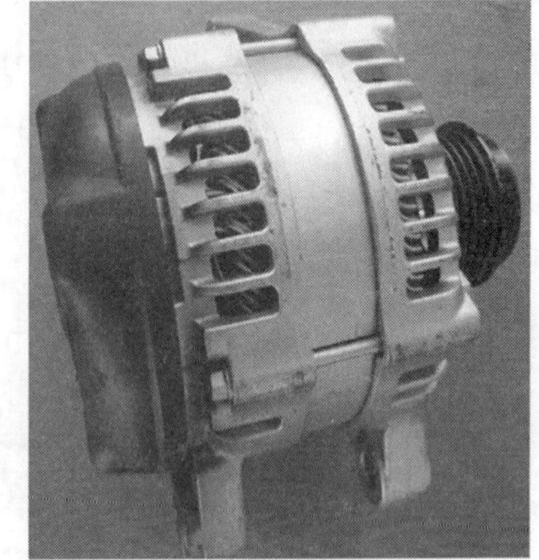

图 1-55　拆卸发电机

(五)拆卸凸轮轴位置传感器(进气和排气)

(1)用扳手拆卸凸轮轴传感器紧固螺栓(螺栓拧紧力矩 10N·m×2)。

(2)拆卸凸轮轴传感器,如图 1-56 所示。

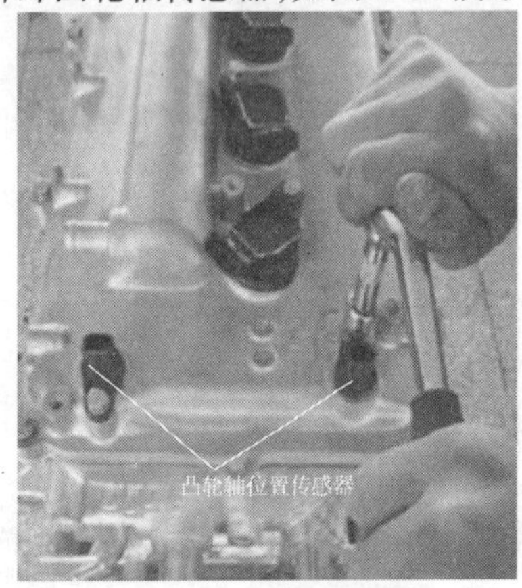

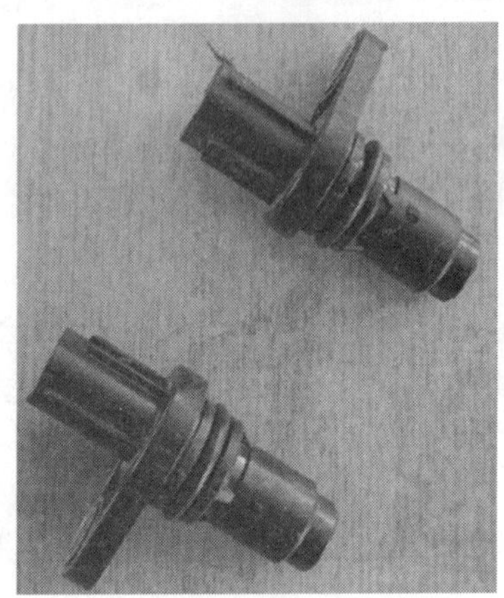

图 1-56　拆卸凸轮轴传感器紧固螺栓和凸轮轴传感器

(六)拆卸凸轮轴正时机油控制阀(进气和排气)

(1)用扳手拆卸凸轮轴正时机油控制阀紧固螺栓(螺栓拧紧力矩 10N·m×2)。

(2)拆卸凸轮轴正时机油控制阀,如图 1-57 所示。

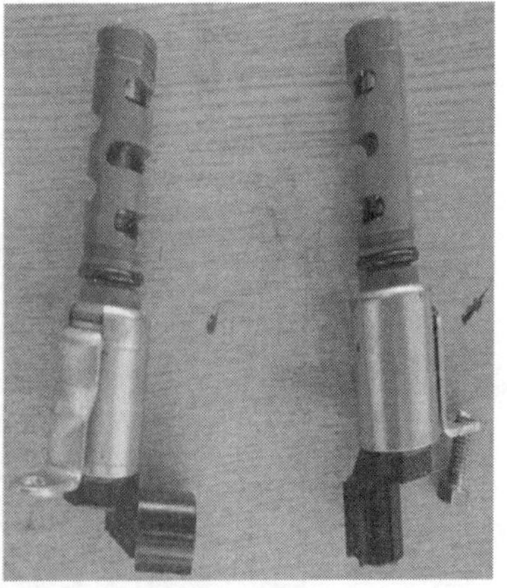

图 1-57　拆卸凸轮轴正时机油控制阀紧固螺栓和凸轮轴正时机油控制阀

（七）拆卸点火线圈

(1)如图1-58所示,用扳手拆卸点火线圈紧固螺栓(螺栓拧紧力矩10N·m×4)。

(2)拆卸点火线圈,如图1-59所示。

图1-58　拆卸点火线圈紧固螺栓

图1-59　拆下点火线圈

（八）拆卸水泵总成

(1)用扳手拆卸水泵总成紧固螺栓(螺栓拧紧力矩24N·m×3)。

(2)拆卸水泵总成,如图1-60所示。

图1-60　拆卸水泵总成紧固螺栓和拆下水泵总成

（九）拆卸曲轴皮带轮

注意:拆卸曲轴皮带轮必须使用专用工具SST。

(1)安装SST工具,如图1-61所示。

(2)用扳手拆卸曲轴皮带轮紧固螺栓(螺栓拧紧力矩190N·m),如图1-62所示。

图1-61　安装SST工具

图1-62　拆卸曲轴皮带轮紧固螺栓

(3)安装 SST 工具,并拆下曲轴皮带轮,如图 1-63 所示。

图 1-63　安装 SST 工具,并拆下曲轴皮带轮

(十)拆卸机油滤清器支架总成

(1)用扳手拆卸机油滤清器支架紧固螺栓(螺栓拧紧力矩 26N · m ×4),如图 1-64 所示。

(2)拆下机油滤清器支架总成,如图 1-65 所示。

图 1-64　拆卸机油滤清器支架紧固螺栓

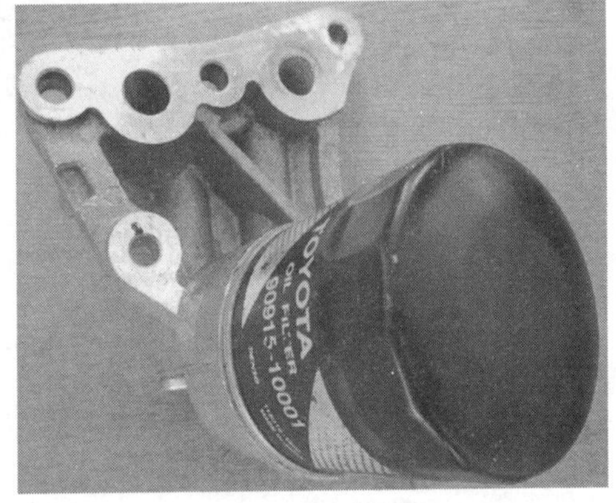

图 1-65　拆下机油滤清器

(十一)拆卸汽缸盖罩盖分总成

(1)用扳手拆卸汽缸盖罩盖分总成紧固螺栓(螺栓拧紧力矩 10N · m ×12),如图 1-66 所示。

(2)拆卸汽缸盖罩盖分总成,如图 1-67 所示。

图 1-66　用扳手拆卸汽缸盖罩盖分总成紧固螺栓

图 1-67　拆下汽缸盖罩盖分总成

(十二)拆卸 1 号链条张紧器总成

(1)用扳手拆卸 1 号链条张紧器总成紧固螺栓(螺栓拧紧力矩 10N · m ×2),如图 1-68 所示。

(2)拆下1号链条张紧器总成,如图1-69所示。

图1-68　拆卸1号链条张紧器总成紧固螺栓

图1-69　拆下1号链条张紧器总成

(十三)拆卸曲轴位置传感器

(1)用扳手拆卸曲轴位置传感器紧固螺栓(螺栓拧紧力矩10N·m),如图1-70所示。

(2)拆下曲轴位置传感器,如图1-71所示。

图1-70　拆卸曲轴位置传感器紧固螺栓

图1-71　拆下曲轴位置传感器

(十四)拆卸进水管分总成

(1)用扳手拆卸进水管分总成紧固螺栓(螺栓拧紧力矩26N·m×3)。

(2)拆卸进水管分总成,如图1-72所示。

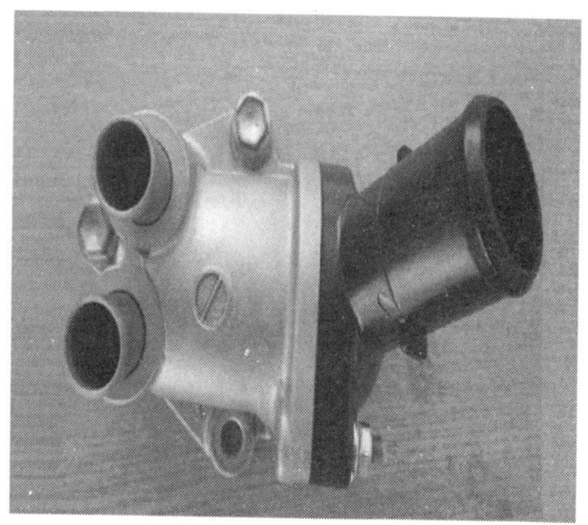

图1-72　拆下进水管分总成紧固螺栓及进水管分总成

(十五)拆卸配气机构链条盖分总成

(1)用扳手拆下配气机构链条盖分总成紧固螺栓,如图1-73所示。

注意:拆卸配气机构链条盖分总成紧固螺栓的时候,必须按照两边向中间的拆卸顺序进行,配气机构链

条盖分总成紧固螺栓拧紧力矩分别是:51N·m、26N·m、10N·m。

(2)拆卸配气机构链条盖分总成,如图1-74所示。

图1-73 拆下配气机构链条盖分总成紧固螺栓

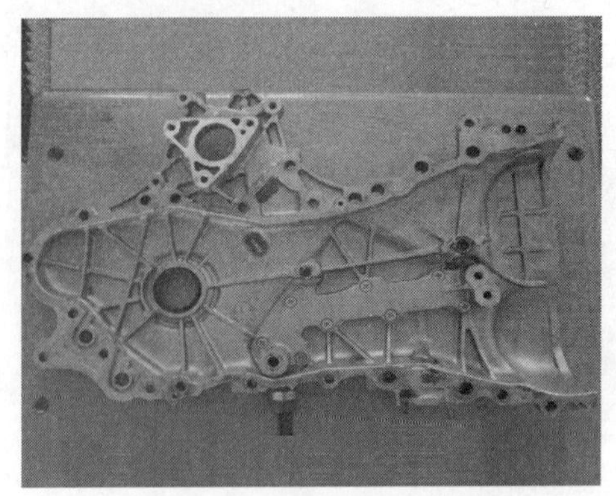

图1-74 拆下配气机构链条盖分总成

(十六)拆卸链条张紧器挡板,如图1-75所示。

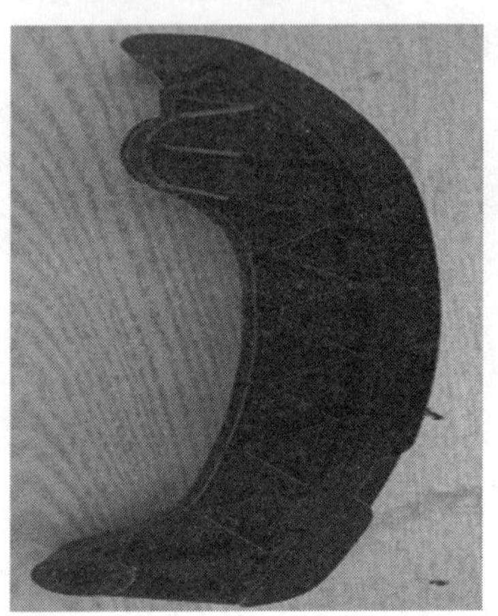

图1-75 拆下链条张紧器挡板

(十七)拆卸1号链条振动阻尼器

(1)用扳手拆下1号链条振动阻尼器紧固螺栓(螺栓拧紧力矩21N·m×2),如图1-76所示。

(2)拆下1号链条振动阻尼器,如图1-77所示。

图1-76 拆下1号链条振动阻尼器紧固螺栓

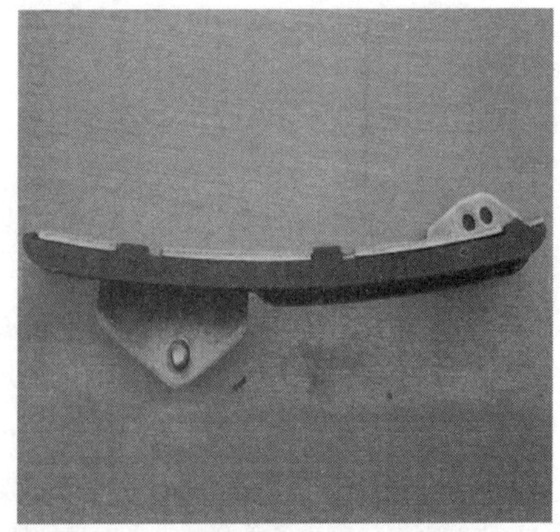

图1-77 拆下1号链条振动阻尼器

(十八)拆卸正时链条分总成

(1)用扳手拆卸正时链条分总成时需用开口扳手固定住凸轮轴,如图1-78所示。

(2)拆下正时链条分总成并放好,如图1-79所示。

图1-78 拆卸正时链条分总成

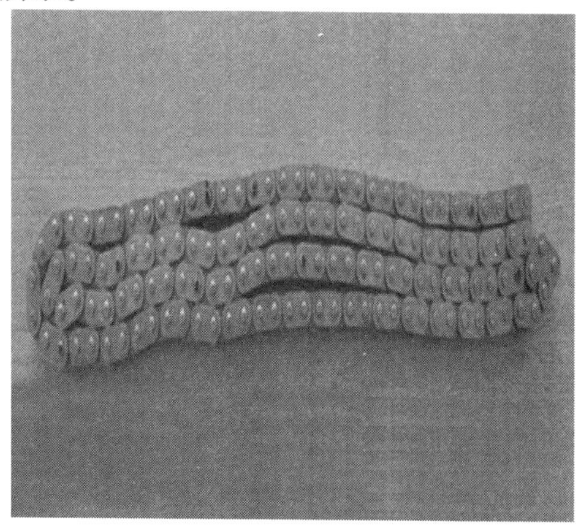

图1-79 拆下正时链条分总成

(十九)拆卸2号链条振动阻尼器

(1)用扳手拆卸2号链条振动阻尼器紧固螺栓(螺栓拧紧力矩10N·m×2),如图1-80所示。

(2)拆下2号链条振动阻尼器,如图1-81所示。

图1-80 拆卸2号链条振动阻尼器紧固螺栓

图1-81 拆下2号链条振动阻尼器

(二十)拆卸机油泵链条张紧器

(1)用扳手拆卸机油泵链条张紧器紧固螺栓(螺栓拧紧力矩10N·m),如图1-82所示。

(2)拆下机油泵链条张紧器,如图1-83所示。

图1-82 拆卸机油泵链条张紧器紧固螺栓

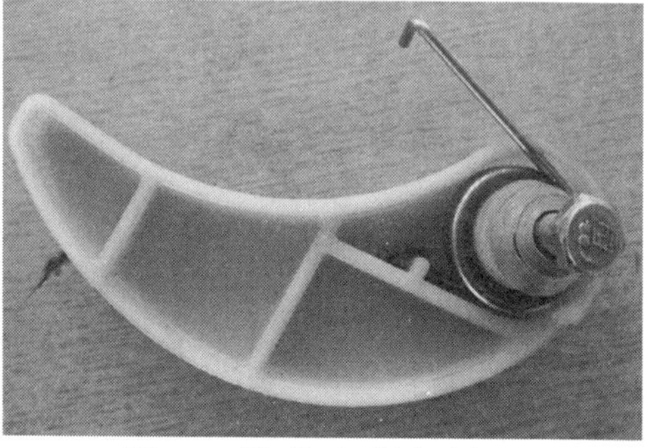

图1-83 拆下机油泵链条张紧器

(二十一)拆卸机油泵驱动链条和驱动齿轮

(1)用扳手拆卸机油泵驱动齿轮紧固螺栓(螺栓拧紧力矩 21N·m),如图 1-84 所示。

(2)拆下机油泵驱动链条和驱动齿轮,如图 1-85 所示。

图 1-84　拆卸机油泵驱动齿轮紧固螺栓

图 1-85　拆下机油泵驱动链条和驱动齿轮

(二十二)拆卸进、排气凸轮轴

(1)首先按照从两边到中间的拆卸顺序,用扳手拆卸凸轮轴轴承盖上的黑色紧固螺栓(螺栓拧紧力矩 16N·m×10)。

图 1-86　拆卸凸轮轴轴承盖上的紧固螺栓

(2)其次按照从两边到中间的拆卸顺序,用扳手拆卸凸轮轴轴承盖上的银白色紧固螺栓(螺栓拧紧力矩 27N·m×12),如图 1-86 所示。

(3)拆卸凸轮轴轴承盖时用起子轻轻从两边撬一下,如图 1-87 所示。

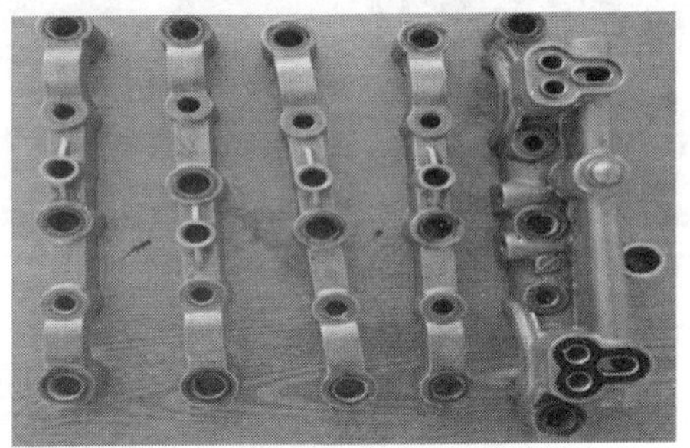

图 1-87　拆卸凸轮轴轴承盖

(4)拆卸完轴承盖后将凸轮轴从发动机上拿下来,并放好,如图 1-88 所示。

注意:凸轮轴必须轻拿轻放。

图 1-88　拆下凸轮轴

(二十三)拆卸气门摇臂分总成并摆放好,如图 1-89 所示。

注意:拆卸下来的气门摇臂分总成必须按照拆卸前的顺序摆放好,不能将顺序颠倒。

图 1-89　拆卸气门摇臂分总成并摆放好

(二十四)拆卸凸轮轴壳分总成

(1)用扳手拆卸凸轮轴壳分总成紧固螺栓(螺栓拧紧力矩 27N · m),如图 1-90 所示。

(2)拆下凸轮轴壳分总成,如图 1-91 所示。

图 1-90　拆卸凸轮轴壳分总成紧固螺栓

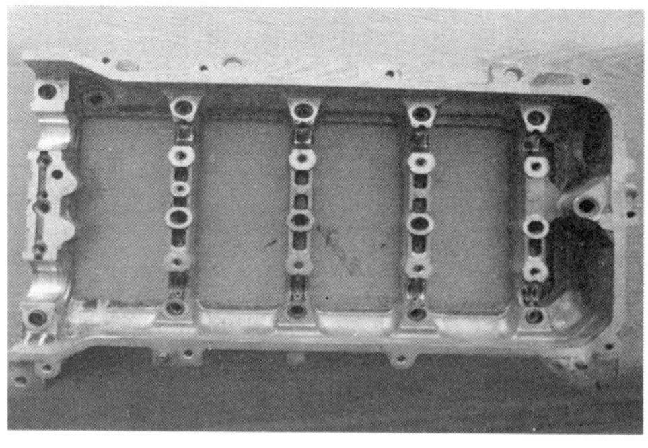

图 1-91　拆下凸轮轴壳分总成

(二十五)拆卸汽缸盖和汽缸盖垫

(1)按照从中间到两边对角松开的拆卸顺序,用力矩扳手拆卸汽缸盖紧固螺栓,如图 1-92 所示。

注意:汽缸盖紧固螺栓拧紧力矩为:第一步:49N · m;第二步:旋转 90°;第三步:再旋转 45°。

(2)拆卸汽缸盖前,用橡胶榔头从侧面敲打汽缸盖,使其松动。然后拆下汽缸盖,如图 1-93所示。

图 1-92　拆卸汽缸盖紧固螺栓

图 1-93　用橡胶榔头从侧面敲打汽缸盖,使其松动

(3)竖直方向抬起汽缸盖,拆下汽缸盖并放好,如图1-94所示。

注意:放置时不能将汽缸盖下平面与工作台面接触。

(4)拆下汽缸盖垫,如图1-95所示。

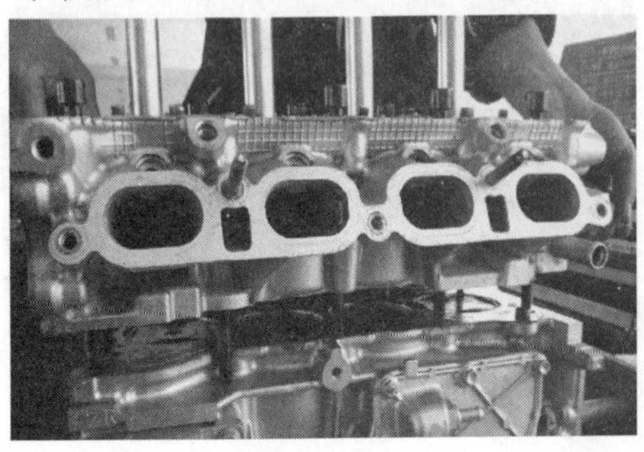

图1-94　拆下汽缸盖

图1-95　拆下汽缸盖垫

(二十六)拆卸油底壳

按照两边到中间的拆卸顺序拆下油底壳紧固螺栓(螺栓拧紧力矩10N·m),如图1-96所示。

(二十七)拆卸机油泵

(1)用扳手拆卸机油泵紧固螺栓,如图1-97所示。

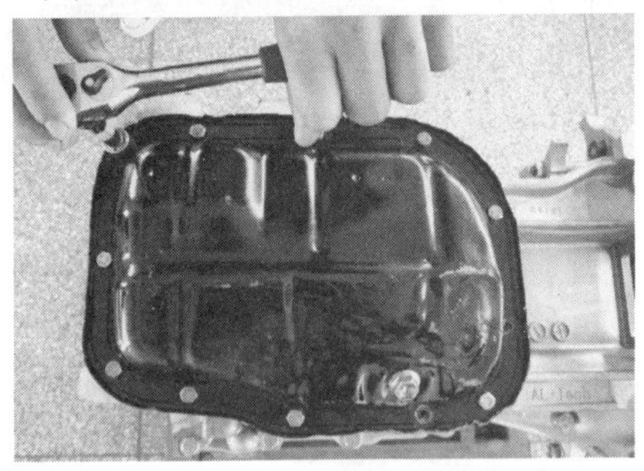

图1-96　拆下油底壳紧固螺栓

图1-97　拆卸机油泵紧固螺栓

(2)拆下机油泵,如图1-98所示。

(二十八)拆卸下曲轴箱

(1)用扳手拆卸下曲轴箱紧固螺栓,如图1-99所示。

图1-98　拆下机油泵

图1-99　拆卸下曲轴箱紧固螺栓

(2)拆下下曲轴箱,如图 1-100 所示。

(二十九)拆卸活塞连杆组及拆卸活塞环

(1)用扳手拆下连杆盖紧固螺栓(连杆盖紧固螺栓拧紧力矩第一步 20N·m,第二步:再旋转 90°),如图 1-101 所示。

图 1-100　拆下下曲轴箱

图 1-101　拆下连杆盖紧固螺栓

(2)从汽缸中取出活塞连杆总成,并将活塞连杆和连杆盖组合起来,如图 1-102 所示。

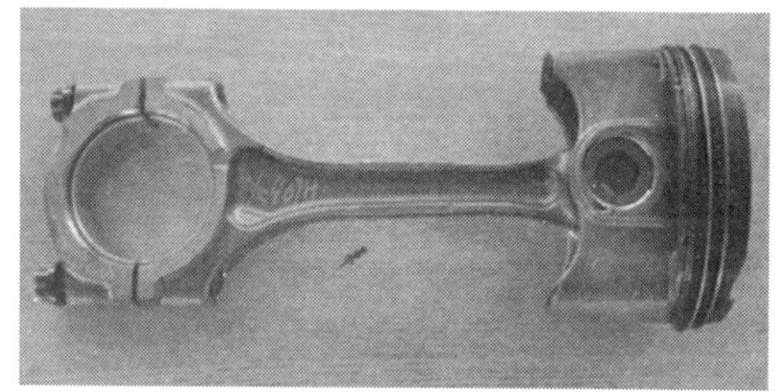

图 1-102　取出活塞连杆总成,并将活塞连杆和连杆盖组合起来

(3)用活塞环扩张器拆下活塞环,如图 1-103 所示。

(三十)拆卸曲轴

(1)用力矩扳手拆卸曲轴轴承盖紧固螺栓(螺栓拧紧力矩第一步 40N·m,第二步:再旋转 90°),如图 1-104 所示。

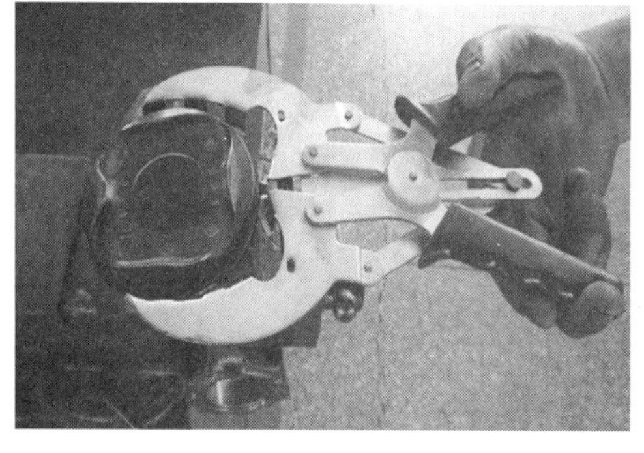

图 1-103　用活塞环扩张器拆下活塞环

图 1-104　拆卸曲轴轴承盖紧固螺栓

(2)从汽缸体上拿下曲轴,如图 1-105 所示。

注意:曲轴必须轻拿轻放。

五、装配发动机

发动机的装配与拆卸顺序是相反的，所以按照拆卸顺序的反向装上即可。

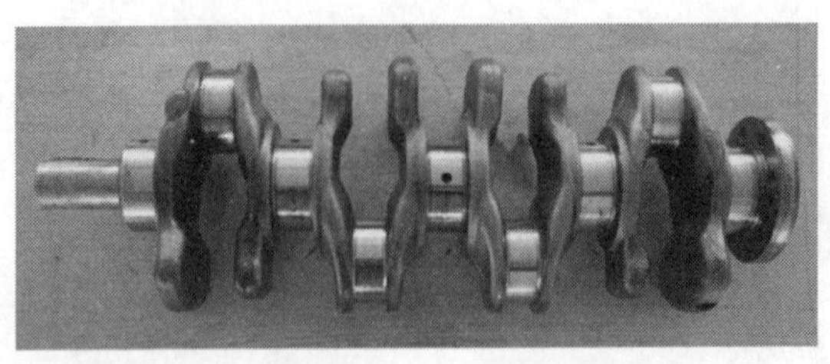

图 1-105　从汽缸体上拿下曲轴

注意：

(1)所有螺栓必须要按照规定力矩进行紧固。

(2)安装活塞连杆组必须要注意朝前标记，并且要按照维修手册的要求对好活塞环开口。

(3)汽缸盖紧固螺栓、曲轴轴承盖紧固螺栓、凸轮轴轴承盖紧固螺栓，需按照维修手册要求的紧固顺序进行紧固。

复习思考题

一、选择题

1. 在使用游标卡尺之前，应采取下列(　　)步骤。
   A. 在滑动部分涂上大量的润滑油
   B. 检查钳口的端面是否变形，并对看得见的变形之处进行调整
   C. 当钳口紧贴在一起时，检查零刻度是否对准
   D. 检查游标是否松开，并通过拧紧止动螺钉进行必要的调整

2. 百分表长指针表示的长度单位是(　　)。
   A. 1mm　　　B. 0.1mm
   C. 0.01mm　　　D. 0.001mm

3. 图 1-106 所示外径千分尺的测量值是(　　)。
   A. 2.84mm
   B. 23.4mm
   C. 2.34mm
   D. 28.4mm

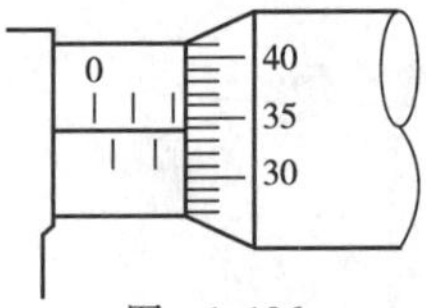

0
40
35
30

图 1-106

4. 图 1-107 中的工具为(　　)，主要作用是(　　)。
   A. 活塞环拆装钳，将活塞装入汽缸
   B. 活塞环压缩器，从活塞上拆装活塞环
   C. 活塞环拆装钳，从活塞上拆装活塞环
   D. 活塞环压缩器，将活塞装入汽缸

图 1-107

5. 以下(　　)工具不可用于机油滤清器的拆卸?

A. 图 1-108　　B. 图 1-109　　C. 图 1-110　　D. 图 1-111

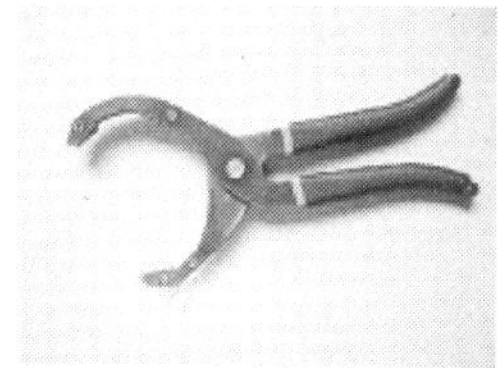

图 1-108

图 1-109

图 1-110

图 1-111

二、判断题(对的打√,错的打×)

1. 游标卡尺是一种精密量具,能直接测量工件外径、内径、长度、深度等尺寸。 (　　)
2. 温度过高的工件可选用精密量具测量。 (　　)
3. 百分表的心轴过段时间就需要涂抹适量机油或润滑脂进行润滑。 (　　)
4. 就测量电阻来说,一个当前处于良好状态的部件,其电阻值一定小于0.01Ω。 (　　)
5. 装复火花塞时,可用火花塞扳手及配套手柄直接将其紧固。 (　　)
6. 为了方便起见,可使用尖嘴钳代替剥线钳去除导线绝缘层。 (　　)
7. 拆卸气门或气门锁片时,必须使用气门弹簧钳对气门弹簧进行压缩。 (　　)

三、简答题

1. 简述1ZR发动机配气机构的组成。
2. 1ZR发动机电控部分的传感器有哪些?
3. 1ZR发动机配气机构的传动方式是属于哪一种?
4. 使用工具工作时的安全规范有哪些?
5. 车间内的安全规范有哪些?
6. 简述丰田轿车的发展史。
7. 丰田轿车标志的含义是什么?
8. 简述汽车常用工具、量具和举升设备的使用注意事项?
9. 试比较这三种举升器的使用方法有什么不同?

项目二　丰田轿车发动机电子控制系统

Z 知识目标

1. 了解发动机电子控制控系统的组成结构；
2. 了解发动机电子控制控系统的控制原理；
3. 了解发动机电子控制控系统的各传感器的作用。

N 能力目标

1. 能对发动机电子控制控系统的各传感器进行检测；
2. 能对发动机电子控制控系统的各执行器进行检测；
3. 能对发动机电子控制控系统的简单故障进行诊断。

S 素质目标

1. 提高自我学习能力；
2. 加强交流沟通能力；
3. 增强团结协作能力；
4. 提高安全操作能力。

任务一　丰田轿车发动机电子控制系统传感器及电路故障检修

一、水温传感器和进气温度传感器

(一)安装位置

水温传感器安装位置:发动机出水口。如图 2-1 所示。

进气温度传感器安装位置:进气总管或空气滤清气壳。如图 2-2 所示。

图 2-1　水温传感器

图 2-2　进气温度传感器

（二）工作原理

冷却液温传感器和进气温度传感器有内装的负温度系数热敏电阻，温度越低则电阻越高，相反，温度越高电阻越低。热敏电阻的电阻值地变化可用于探测冷却液和进气的温度。

（三）作用

1. 冷却液温传感器

冷却液温传感器测量发动机冷却液的温度。当发动机冷却液温度低时，则怠速转速必须增加，喷射时间增加和点火时间必须提前，以改善可行车性和预热性。正是这个原因，使冷却液温传感器成为发动机控制系统所不可缺少的部分。

2. 进气温度传感器

进气温度传感器测量进气温度，空气的量和密度随空气温度而变。所以，即使空气流量计所探测到的空气量相同，喷射的燃油量仍必须经过校正。但是热线型空气流量计只测量空气质量（重量）所以就不需要校正。

（四）检测

传感器检测方法：用万用表测量传感器的电阻值。首先确定冷却液温，然后将传感器放入水中，用万用表测出传感器电阻值，最后对照曲线图判断传感器好坏，如图 2-3 所示。

二、凸轮轴位置传感器

（一）安装位置

气门室罩盖上，如图 2-4 所示。

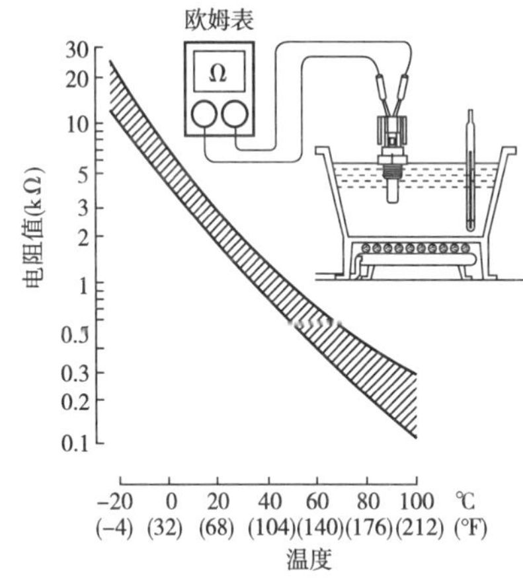

图 2-3　对照曲线图

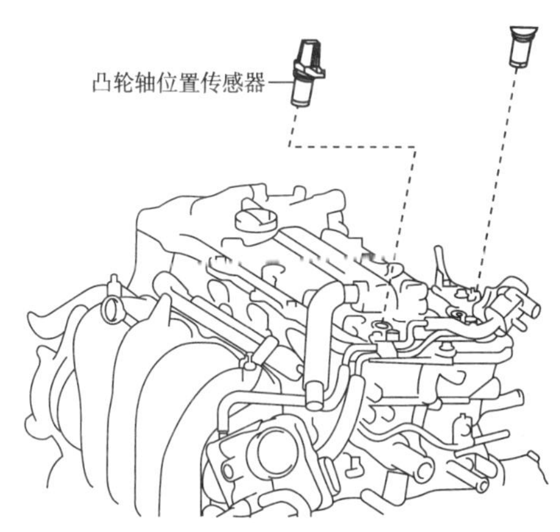

图 2-4　安装位置

（二）功能及原理

凸轮轴位置传感器为霍尔效应式传感器，安装凸轮轴附近，与凸轮轴上的信号轮共同工作，信号轮对应的发动机的特定位置，ECU 通过该传感器测得数字电压信号，以此确定发动机工作的汽缸，并实施一对一的控制，如图 2-5 所示。

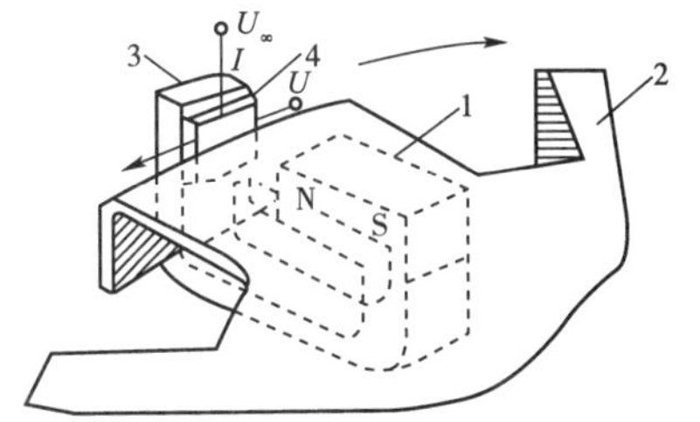

图 2-5　霍尔效应式传感器

（三）检测

1. 线路测量

（1）对霍尔传感器进行检查。

（2）拔下霍尔传感器三针插头。

(3)万用表接到插头的端子 1 和 3 上。

(4)打开点火开关。

(5)测量插头的端子 1 和 3 的电压,标准值为 4.5V 以上,如图 2-6 所示。

2. 元件测量

使用 KT600 检测仪读取凸轮轴位置传感器的波形。

(1)链接仪器,选择"通用示波器"。

(2)选择通道号 CH1、CH2 等。

(3)将测试线的正极接凸轮轴位置传感器插头端子 2,负极接端子 3(背插)。

(4)起动车辆。

(5)调整合适的幅值和周期,读取波形,如图 2-7 所示。

图 2-6 线路测量

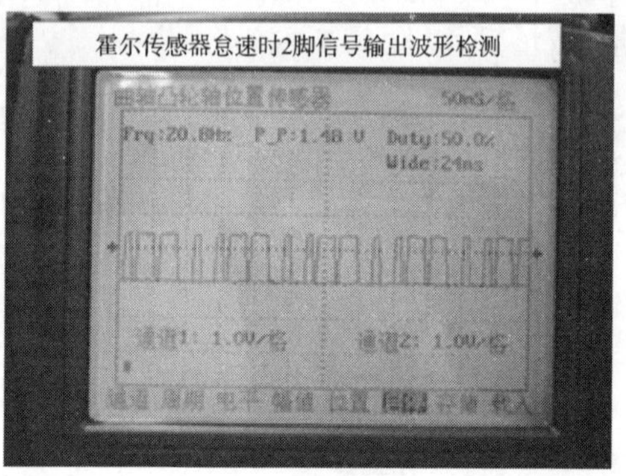

图 2-7 读取波形

三、曲轴位置传感器

(一)安装位置

排气歧管下方,靠近曲轴皮带轮位置,如图 2-8 所示。

(二)工作原理

利用电磁线圈产生的脉冲信号来确定发动机转速和各缸的工作位置,如图 2-9 所示。

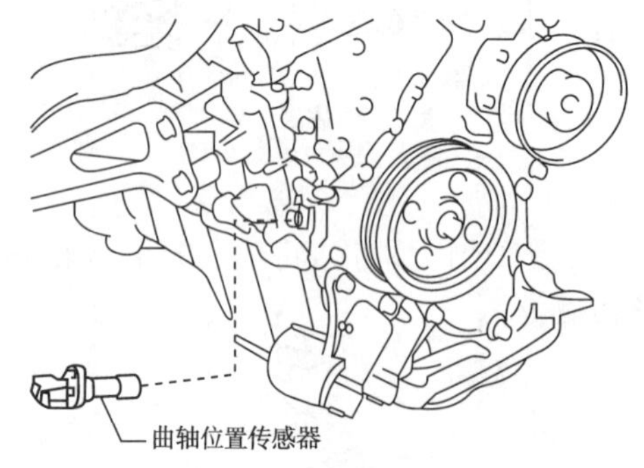

图 2-8 安装位置

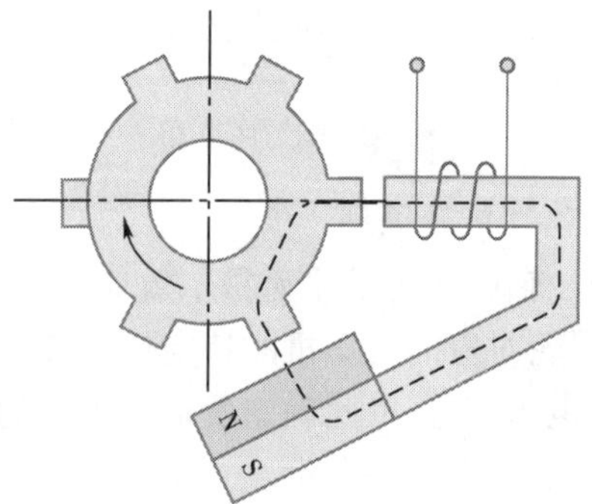

图 2-9 脉冲信号的产生

(三)作用

曲轴位置传感器 CKPS(Crankshaft Position Sensor)又称转速传感器,主要检测曲轴转角位移，给ECU提供发动机转速信号和曲轴转角信号，作为燃油喷射和点火控制的主控信号。常与凸轮轴位置传感器CMPS(Camshaft Position Sensor)配合使用。CMPS用于给ECU提供曲轴转角基准位置(第一缸压缩上止点)信号，也作为燃油喷射控制和点火控制的主控信号。

(四)检测

1. 电阻检测

点火开关置于"OFF"位置，拔下曲轴位置传感器导线连接器，用万用表欧姆挡跨接在传感器侧的端子*A*—*B*或*A*—*C*间，此时万用表显示读数为∞(开路)，如果指示有电阻，则应更换曲轴位置传感器，如图2-10所示。

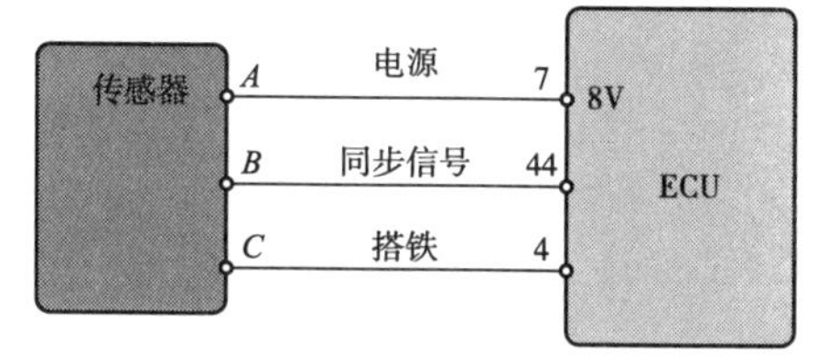

图2-10 曲轴位置传感器控制线路

2. 元件测试

用KT600或专用示波器测量曲轴位置传感器波形。用示波器正表笔接*B*端子，用负表笔接*C*端子，读取波形，如图2-11所示。

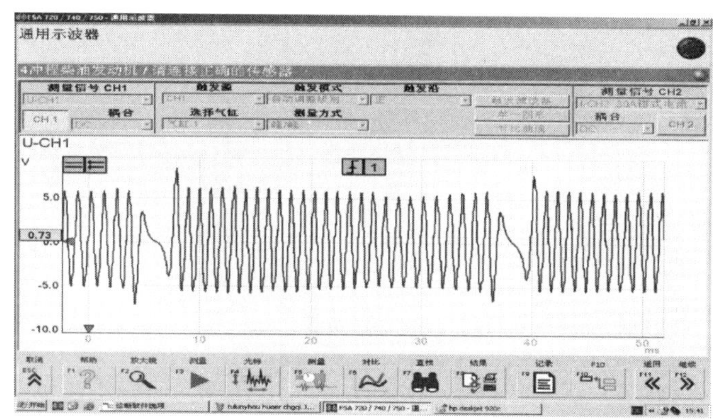

图2-11 曲轴位置传感器波形

任务二 丰田轿车发动机电子控制系统执行元件及电路故障检修

一、喷油器

(一)安装位置

安装在发动机进气歧管处的燃油分配管上，如图2-12所示。

(二)工作原理及控制方式

1. 工作原理

喷油器实际上是一个电磁阀，通电后电磁阀打开，有压力的燃油从喷油器末端的小孔内喷出，呈雾状，如图2-13所示。

2. 控制方式

发动机电脑通过控制喷油器负极搭铁来接通电磁阀，从而控制喷油器的打开和关闭，通电的时间长短决定喷油量。根据电路图分析，由蓄电池正极通过 AM2 熔断丝，再经过 IG2 继电器向喷油器 C4、C5、C6、C7 的 1 号端子供电，由发动机电脑 ECM 控制喷油器 C4、C5、C6、C7 的 2 号端子接地，如图 2-14 所示。

图 2-12　喷油器安装位置

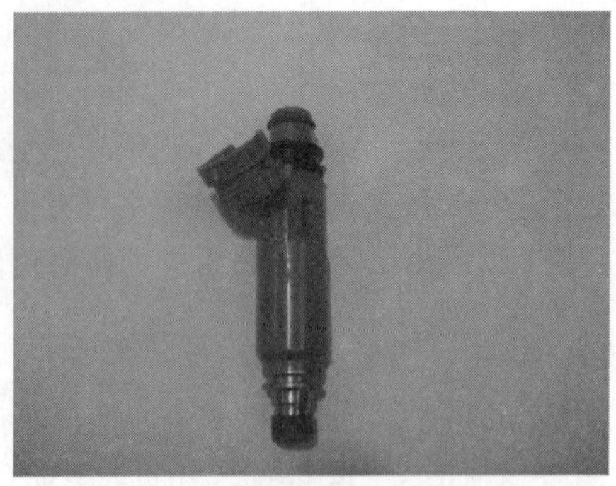

图 2-13　喷油器

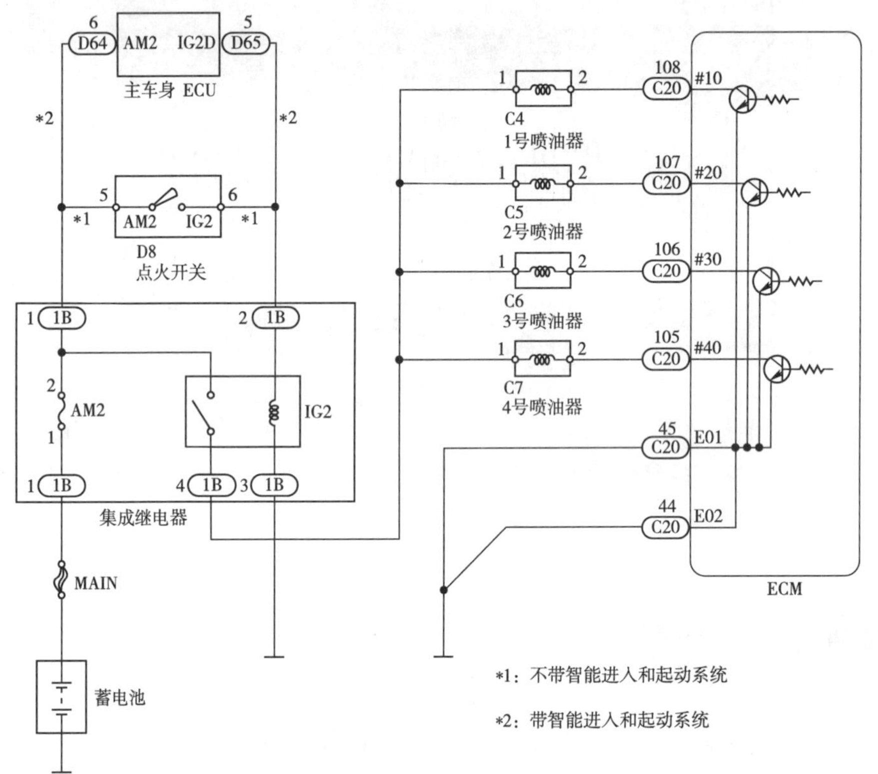

图 2-14　喷油器控制电路图

（三）检测

1. 线路测量

打开点火开关，用万用表测量喷油器线束插头 1 脚和搭铁之间的电压。应为 12.5V，即蓄电池电压。若电压为 0，则检查喷油器供电线路及连接线束，如图 2-15 所示。

2. 元件测量

用万用表电阻挡测量喷油器 1、2 号端子的电阻值,从而判断喷油器的好坏,如图 2-16 所示。

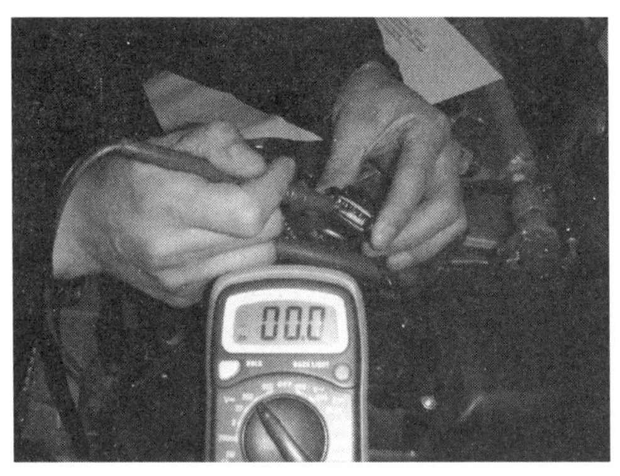

图 2-15　线路测量

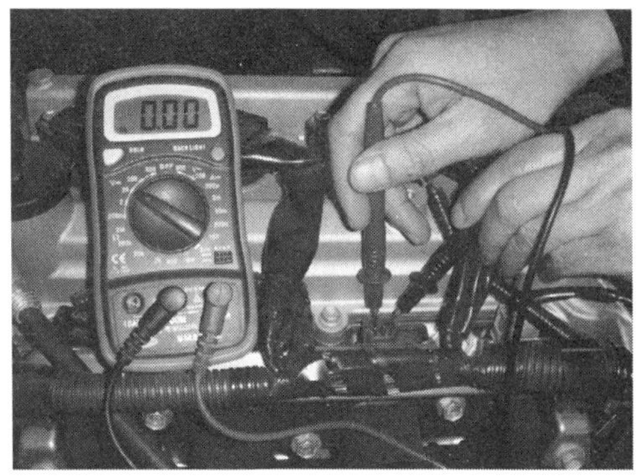

图 2-16　元件测量

二、电动燃油泵

(一)安装位置

卡罗拉轿车的燃油泵安装在后排座椅下的燃油箱内,如图 2-17 所示。

(二)工作原理及控制方式

1. 工作原理

燃油泵主要由泵体、永磁电动机和外壳三个部分组成。永磁电动机通电后带动泵体旋转将燃油从进油器吸入,流经电动燃油泵的内部,再从出油口压出,给燃油系统供油,如图 2-18 所示。

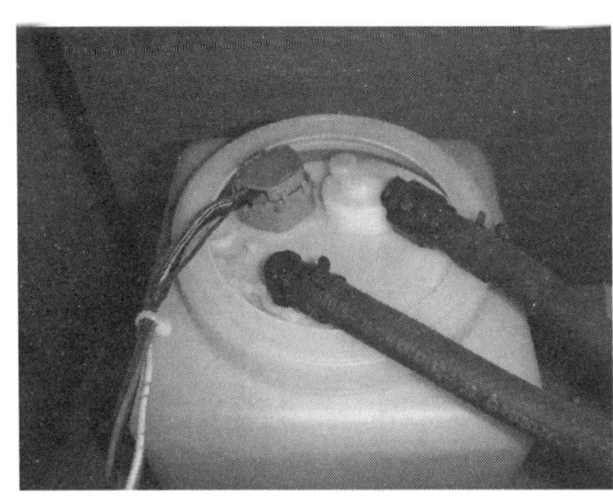

图 2-17　电动燃油泵安装位置

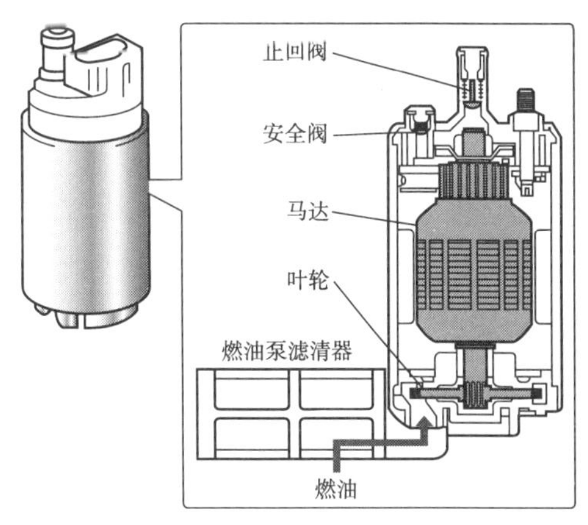

图 2-18　燃油泵结构

2. 控制方式

发动机低速、中小负荷工作时,发动机 ECU 中的晶体管 VT2 导通,燃油泵继电器线圈通电,使触点 A 闭合,由于将电阻串联到燃油泵电路中,所以燃油泵两端电压低于蓄电池电压,燃油泵低速运转,如图 2-19 所示。

发动机高速、大负荷工作时，发动机 ECU 中的晶体管截止 VT2，燃油泵继电器触点 B 闭合，直接给燃油泵输送蓄电池电压，燃油泵高速运转，如图 2-20 所示。

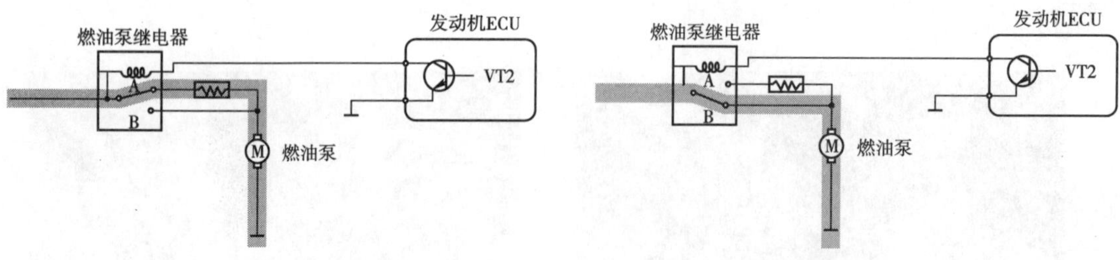

图 2-19　发动机低转速控制图　　　图 2-20　发动机高转速控制图

(三)检测

测量燃油泵两端子之间电阻，应为 2 ~ 3Ω。用蓄电池直接给燃油泵通电，应能听到油泵电机高速旋转的声音。

注意：通电时间不能太长。

图 2-21　点火线圈安装位置

三、点火线圈

(一)安装位置

单缸独立点火方式的丰田 1ZR 发动机，点火线圈安装在气门室罩盖上，如图 2-21 所示。

(二)工作原理及控制方式

1. 工作原理

电源供给低压电，经点火线圈与断电器转变为高压电，再经配电器分送到各缸火花塞，在火花塞的两极间产生电火花，点燃混合气，如图 2-22 所示。

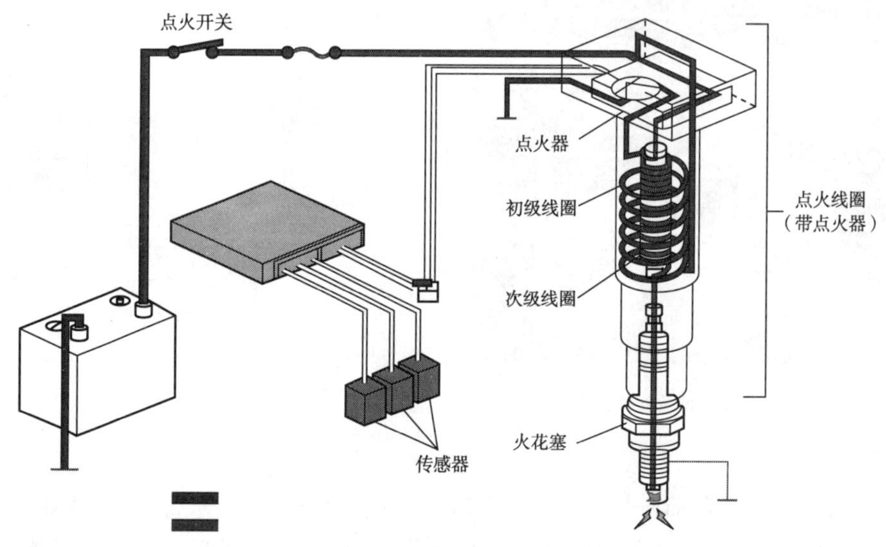

图 2-22　点火线圈工作原理图

2. 控制方式

在最佳的时刻向点火控制电路和点火线圈发出控制信号，接通点火线圈的一次电路，经最佳的导通时间后，再发出控制信号，切断点火线圈的一次电路，使点火线圈的二次电路中产生高电压，并经分电器送往火花塞，点燃混合气。每个汽缸的火花塞配用一个点火线圈，各个单独的点火线圈直接安装在火花塞上，单独向火花塞提供高压电，各缸直接点火，如图 2-23 所示。

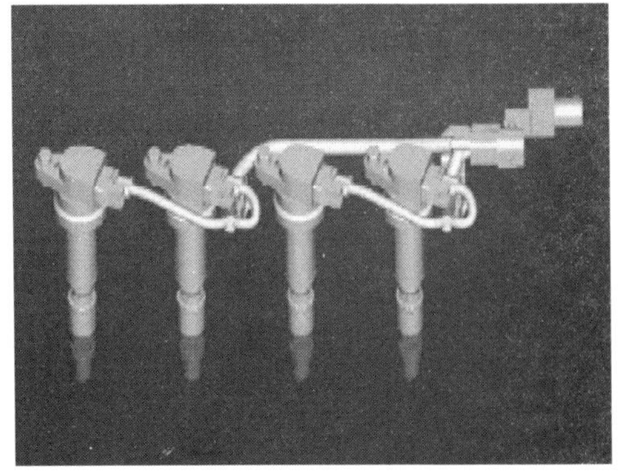

图 2-23　单缸独立点火方式

（三）检测

1. 线路测量

拔下点火模块插头，打开点火开关，用万用表电压挡测量插头 1 号端子和 4 号端子之间的电压，该电压为点火线圈工作电压。如果测得电压为 0V，则检查供电保险丝、供电线路及搭铁线路，如图 2-24 所示。

2. 元件测量

用万用表对线圈的初级绕组或次级绕组测试电阻值，看是否符合技术特性的规定数值要求。若不符合，则说明初级绕组或次级绕组存在短路、断路、击穿等现象，需进行更换，如图 2-25 所示。

图 2-24　线路测量

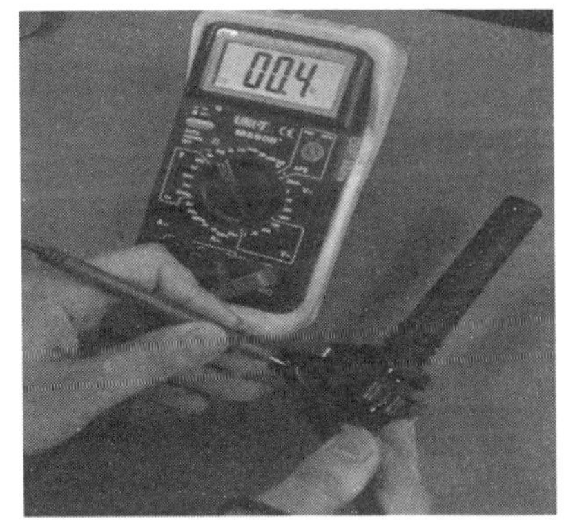

图 2-25　万用表测试点火线圈初级电阻

任务三　丰田轿车发动机电子控制系统自诊断检修

一、什么是发动机控制系统自诊断

发动机控制系统自诊断 OBD - Ⅱ 就是在发动机的运行状况中持续不断地监控汽车废气，一旦发现废气超标，就会马上发出警报。当系统出现故障时，故障（MIL）灯或检查发动机（Check Engine）警告灯亮，同时发动机电脑将故障信息存入存储器，通过程序可以将故障代码从发动机电脑中读出。根据故障码的提示，维修人员就能迅速准确地确定故障的性质和部位。

二、使用 KT600 进行故障检测

(1)关闭点火开关,连接 OBD 诊断插头至汽车诊断插座,如图 2-26 所示。

(2)打开点火开关,打开仪器,选择相应的诊断车型,如图 2-27 所示。

图 2-26 连接仪器

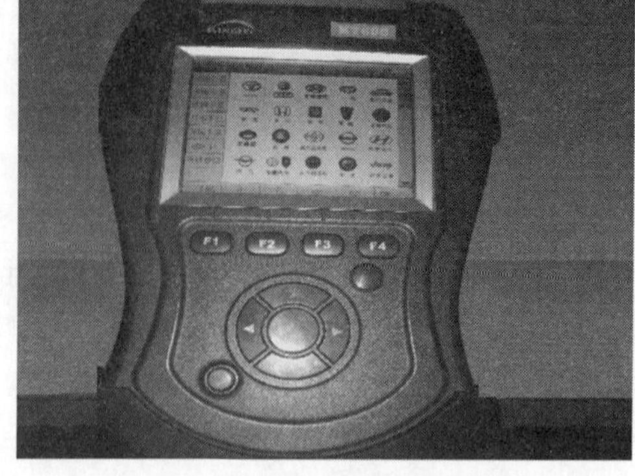

图 2-27 选择车型

(3)选择地址码,如进入发动机和变速器系统、ABS 系统、安全气囊系统、仪表系统等各个控制单元,如图 2-28 所示。

(4)选择功能码,如读取故障码、清除故障码、读取数据流、动作测试等各种检测功能,如图 2-29 所示。

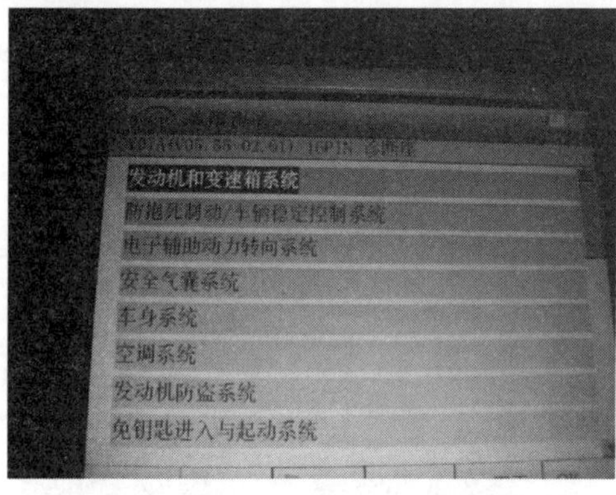

图 2-28 选择地址码

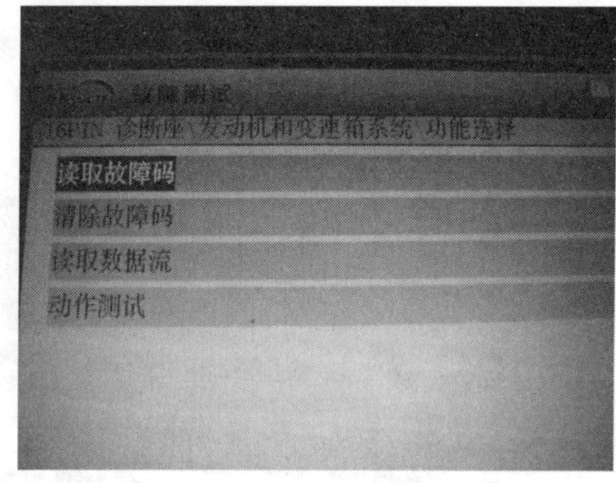

图 2-29 选择功能码

(5)根据仪器显示的故障码、数据流确定故障范围,标准数据流可根据不同车型的维修手册查找。

任务四 丰田轿车发动机电子控制系统典型案例分析

案例一 丰田卡罗拉轿车冷车起动困难

故障现象:一款 2008 年卡罗拉轿车,冷车起动困难。

诊断过程:用 KT600 进行读取故障码,显示发动机冷却液温传感器有断路故障。经检查,冷却液温传感器插头处线束断裂,如图 2-30 所示。

故障分析：为什么冷却液温传感器线路断路，会导致发动机冷车不好起动呢？

冷却液温传感器工作原理：冷却液温传感器为负温度系数热敏电阻，温度越高电阻越低，温度越低电阻越高，通过电阻的变化，产生的信号电压发生变化，从而向 ECM 传输不同的温度信号。

因为冷却液温传感器相当于发动机的体温计，它将发动机的工作温度不断地反馈给发动机控制单元，控制单元依此信号对燃油和点火进行修正，它是发动机系统重要传感器之一。冷车起动时，由于燃油雾化效果较差，所以发动机起动时需要较浓的混合气，发动机控制单元将控制喷油器多喷油，以便顺利起动。因此冷却液温传感器则成为采集发动机温度的重要元件，通过检测水温来确定基本喷油量，所以当冷却液温传感器及相关电路出现故障时会出现冷车起动困难的现象。

故障排除：修复线束，清除故障码后起动车辆，恢复正常。

 案例二 丰田卡罗拉轿车怠速抖动

故障现象：一辆丰田卡罗拉 1.8GL 轿车，行驶 150000km，出现怠速抖动现象。

诊断过程：首先试车，起动发动机，立刻出现发动机怠速抖动现象，发出“突突”声。加速时同样伴随抖动现象。用 KT600 读取故障码，显示 2 缸点火线圈电气故障，如图 2-31 所示。

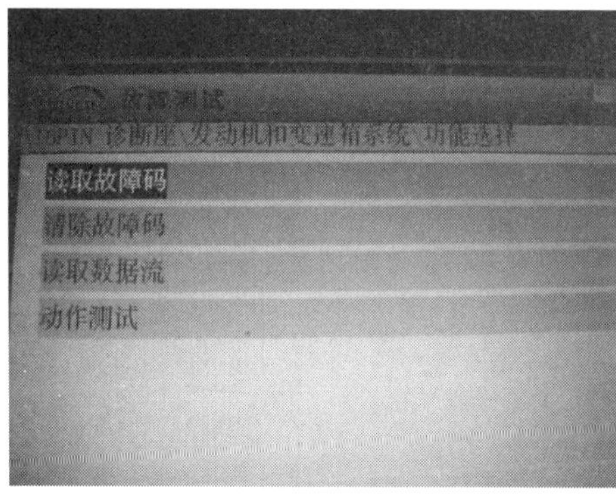

图 2-30 读取故障码

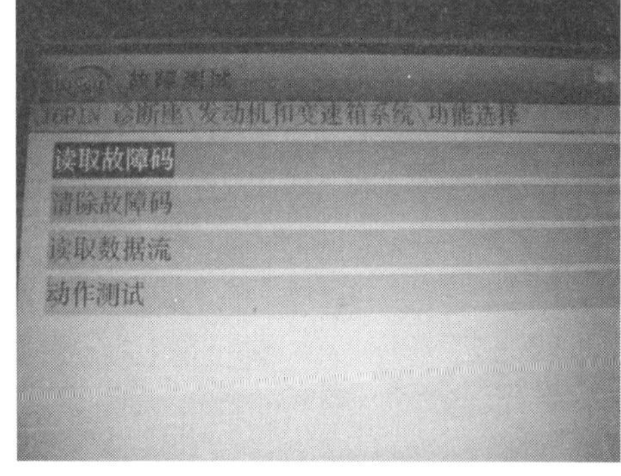

图 2-31 读取故障码

检查线束及插头，均完好无损，无短路及断路故障。插头内也无腐蚀、老化，如图 2-32 所示。

用替换法将 2 缸点火线圈与 3 缸点火线圈更换位置，如图 2-33 所示。起动发动机，故障现象依旧。读取故障码，显示 3 缸点火线圈电气故障，可以判断是 2 缸点火线圈损坏。

图 2-32 检查线束及插头

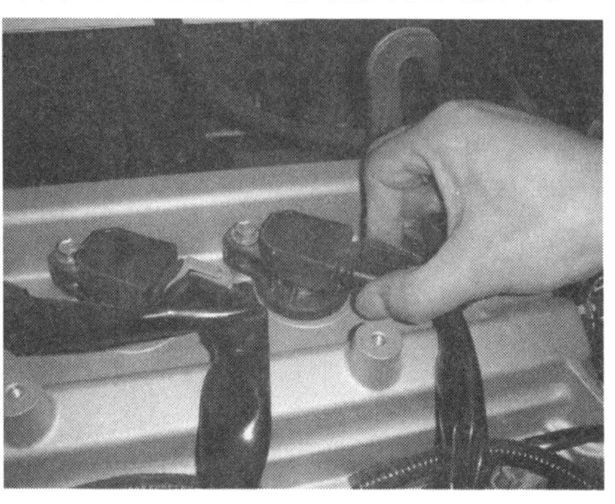
图 2-33 更换点火线圈

故障分析:因为导致发动机抖动的原因有很多,所以首先读取故障码,确定是电路故障还是机械故障,根据故障码显示是由于单缸缺火,导致发动机运转不平衡,所以产生抖动现象。从而确定故障范围。着手进行点火电路的检查。首先检查线束、元件的安装状况,然后检查点火线圈的供电线路及搭铁线路,线路正常,则判断是点火线圈元件本身损坏,用替换法进一步确定。

故障排除:更换点火线圈,清除故障码,起动车辆,怠速正常,加速正常。

复习思考题

1. 简述车辆自诊断系统的作用。
2. 如何检查点火线圈是否损坏?
3. 如何测量点火线圈的信号线路是否正常?
4. 如何测量喷油器的波形?
5. 什么是霍尔效应?
6. 霍尔传感器输出的信号是数字式还是模拟式的?
7. 简述如何判断霍尔传感器的好坏?
8. 简述测量霍尔传感器的步骤。
9. 如何利用万用表确定传感器信号端子、搭铁端子和屏蔽端子位置?

项目三　丰田轿车底盘系统

Z 知识目标

1. 知道驱动桥的组成结构;
2. 知道动力转向系统组成结构;
3. 知道制动系统组成结构;
4. 知道四轮定位的意义。

N能力目标

1. 能拆解手动变速器并检修;
2. 能更换转向助力油;
3. 能更换制动片及制动盘;
4. 能完成四轮定位作业。

S 素质目标

1. 提高自我学习能力;
2. 加强交流沟通能力;
3. 增强团结协作能力;
4. 提高安全操作能力。

任务一　丰田轿车驱动桥拆装与检修

一、拆卸驱动桥

(一)拆下蓄电池

(1)断开蓄电池电缆。

蓄电池断开时,先将 ECU 保存的信息做一记录(诊断故障代码、收音机频道选择和带记忆系统的座椅位置、转向盘位置)。

(2)拆下蓄电池,如图 3-1 所示。

(二)拆卸发动机舱盖

(1)拆卸发动机舱盖需要三位工作人员。一人在前面支撑发动机舱盖,其他两人在左边支撑发动机舱盖,同时松开螺栓,如图 3-2 所示。

(2)注意用布遮盖车身,以防止碰撞或擦伤风窗玻璃或车身,使用柔软的材料,覆盖发动机舱盖,以防止舱盖被划伤。

(三)拆卸驱动桥

(1)固定转向盘。通过将座椅安全带穿过转向盘,将转向盘固定,以免气囊螺旋拉索折断,如图 3-3 所示。

图 3-1　拆下蓄电池

图 3-2　拆卸发动机舱盖

(2)拆掉转向中间轴。

注意:断开之前,在转向齿轮和转向中间轴上作出标记,如图 3-4 所示。

图 3-3　固定转向盘

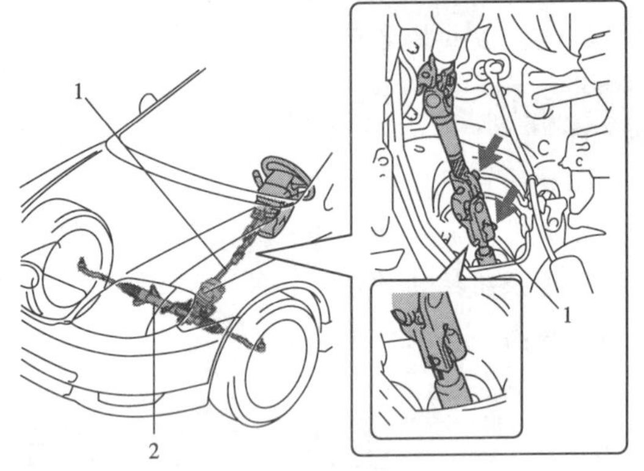

图 3-4　标记位置

1-转向中间轴;2-动力转向齿轮

(3)拆下中心控制台。

(4)拆下换挡杆。

通常换挡杆有三种紧固方法。

a. 用螺栓,螺母和挡圈紧固。

b. 用螺栓和挡圈紧固。

c. 用卡扣紧固。

注意:因换挡杆涂抹润滑脂,在拆卸和存储时应用布遮盖,以免弄脏客厢。

(5)拆卸发动机舱总成。

升吊车辆之前,从发动机舱拆卸空气滤清器、起动机、离合器分离泵、线束和连接器、换挡和选挡控制拉索。

(6)安装发动机支架固定好发动机。

(7)从车辆下部拆下悬架横梁和中间梁,如图 3-5 所示。

(8)拆下排气管。

拆卸之前,用生锈渗透剂浸泡排气管螺栓及螺母。

(9)拆卸传动桥。

①使用变速器千斤顶支撑传动桥,调整千斤顶角度和连接件,防止传动桥摇摆。

注意:如果变速器千斤顶升起过高,车辆可能从起重机上落下,非常危险。检查发动机起吊装置是否从发动机吊耳正确悬吊,悬吊是否适度拉紧。

②拆卸传动桥安装螺栓,将平头螺丝刀插入发动机肋部,用螺丝刀撬动,脱开传动桥,如图 3-6所示。

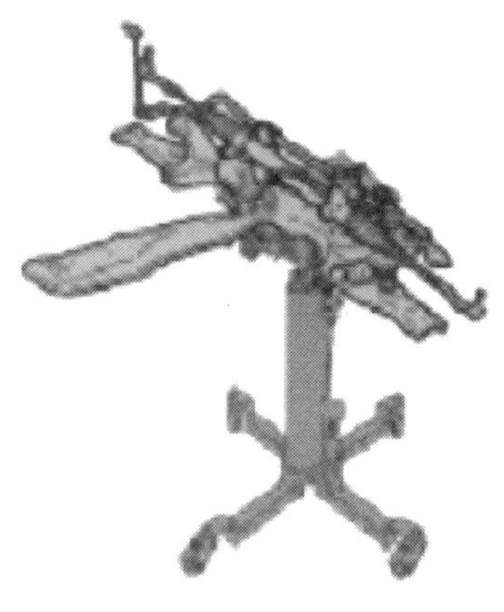

图 3-5　拆下悬架横梁和中间梁

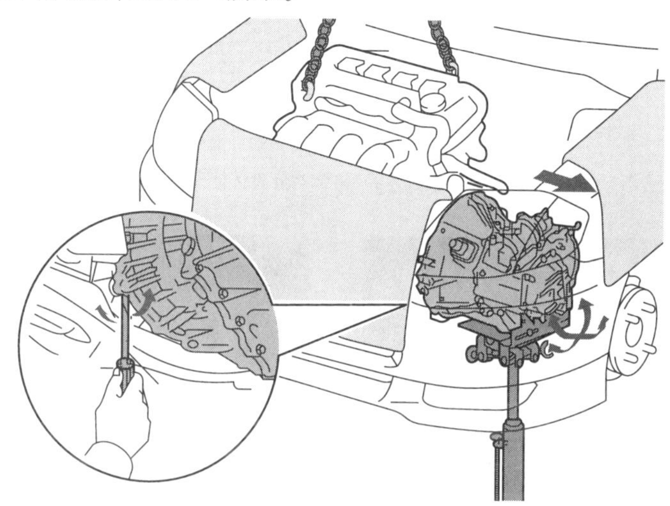

图 3-6　拆卸传动桥安装螺栓

③在脱开传动桥之前,确保发动机起吊装置的两条链系已经拉紧。

④用力拉传动桥,同时,小心摆动,将它从发动机脱离。

注意:强烈摇动传动桥可能损坏输入轴或离合器盘。

⑤慢慢放下变速器千斤顶,同时确保传动桥不妨碍车身。

注意:使用绳索将传动桥拴紧到变速器千斤顶,避免传动桥落下。

图 3-7　拆卸车速表传感器

二、分解驱动桥

拆卸变速器壳周围的全部部件。然后取下箱体,拆卸输入轴、输出轴和差速器。使用测量仪器测量传动桥部件的磨损程度,更换出现过度磨损的任何部件。

(一)分解总成

(1)拆卸车速表传感器,如图 3-7 所示。

(2)拆卸离合器分离叉和分离轴承,如图 3-8 所示。

(3)拆卸倒车灯开关,如图 3-9 所示。

(4)拆下换挡联锁板螺栓,如图 3-10 所示。

(二)支撑手动传动桥

通过在前传动桥壳下面放置木块,将传动桥支撑在工作架上。这样可以防止破坏箱体装配面和传动桥壳油封,如图 3-11 所示。

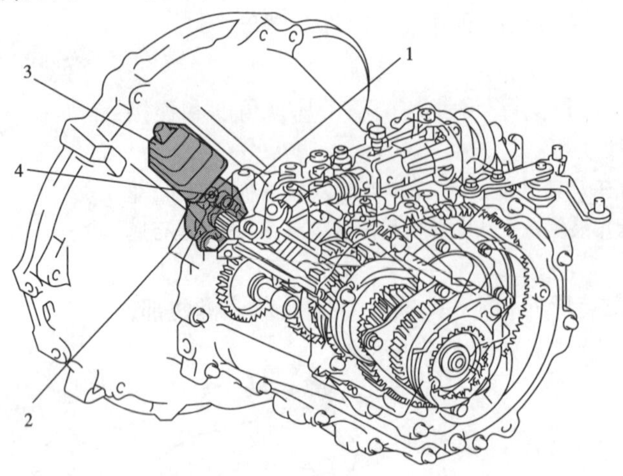

图 3-8 拆卸离合器分离叉和分离轴承

1-离合器分离叉;2-离合器分离轴承;3-离合器分离叉护套;4-离合器分离叉支撑件

图 3-9 拆卸倒车灯开关

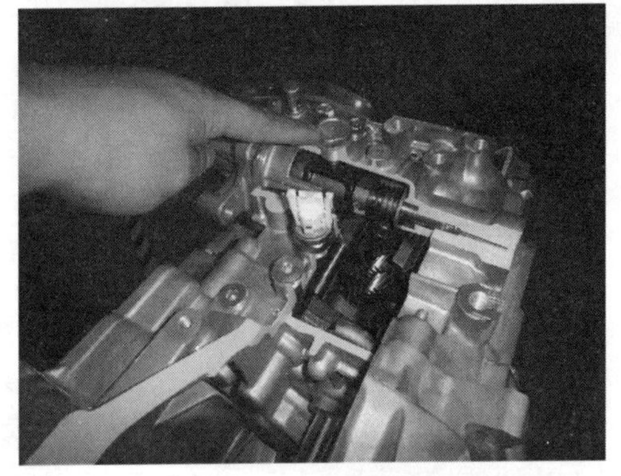

图 3-10 拆下换挡联锁板螺栓

(三)拆卸换挡、选挡拉杆轴

1. 检查空挡位置

将换挡和选挡拉杆轴设置在空挡位置(除非换挡和选挡拉杆轴设定在空挡位置,否则不能拆卸)。

2. 拆下选挡拉杆轴

(1)按照对角线松开螺栓,轮流轻微旋转每个螺栓,拆卸它们。

(2)水平方向拉换挡和选挡拉杆轴,将其从传动桥拆下,如图 3-12 所示。

(四)拆下变速器壳罩

(1)拆下变速器壳罩螺栓:拆卸变速器壳罩螺栓时,均匀松开,按照对角线顺序松开并且拆卸螺栓。

(2)拆下变速器壳罩:首先用塑料锤敲击壳罩肋线,松开壳罩(变速器壳罩是采用密封填料黏合在变速器壳上的),如图 3-13 所示。

图3-11　支撑手动传动桥

图3-12　拆下选挡拉杆轴

（五）拆下输出轴锁止螺母

（1）取下输出轴锁止螺母：使用锤子和凿子，取下输出轴锁止螺母，如图3-14所示。

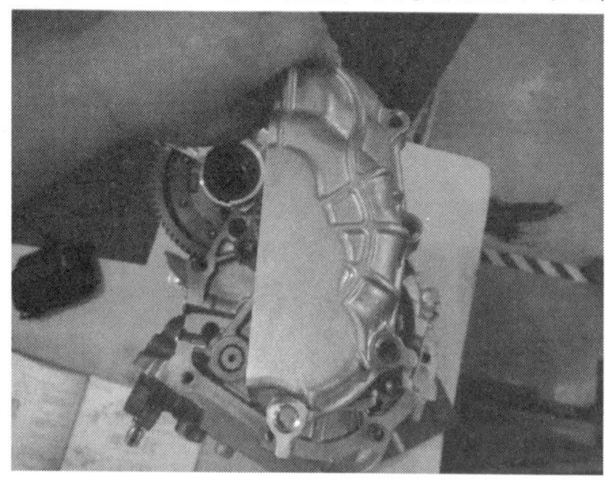

图3-13　拆下变速器壳罩

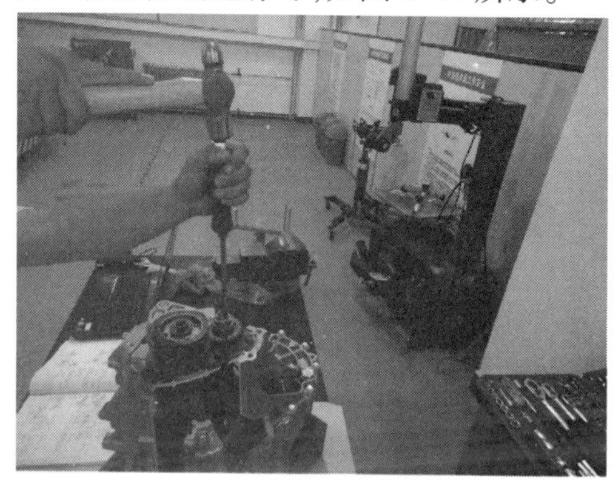

图3-14　取下输出轴锁止螺母

（2）锁紧输出轴：要松开输出轴锁止螺母，需要将两个齿轮啮合在一起以防止旋转。用螺丝刀上下滑动量两个换挡拨叉轴使其啮合，如图3-15所示。

（3）拆下输出轴锁止螺母：拆下输出轴锁止螺母，如图3-16所示。

图3-15　锁紧输出轴

图3-16　拆下输出轴锁止螺母

（4）然后使用螺丝刀，将换挡拨叉轴滑动到空挡位置，如图3-17所示。

（六）拆卸换挡拨叉和毂套

拨叉和毂套的安装方向是有规定的。拆卸拨叉和毂套之前，确保记录正确位置。拆下螺栓，然后将换挡拨叉和毂套作为一个整体拆卸（将换挡拨叉和毂套作为一个整体保存），如图3-18所示。

图3-17　空挡位置

图3-18　拆卸换挡拨叉和毂套

（七）检查齿轮间隙

分解传动桥以前，使用测微计测量五齿轮间隙（如果没有充足的齿轮间隙，齿轮将不能完全润滑；然而，如果间隙太大，齿轮将脱开啮合而且零件将会发出异常噪声）。

（1）测量轴向间隙。

（2）测量径向间隙，如图3-19所示。

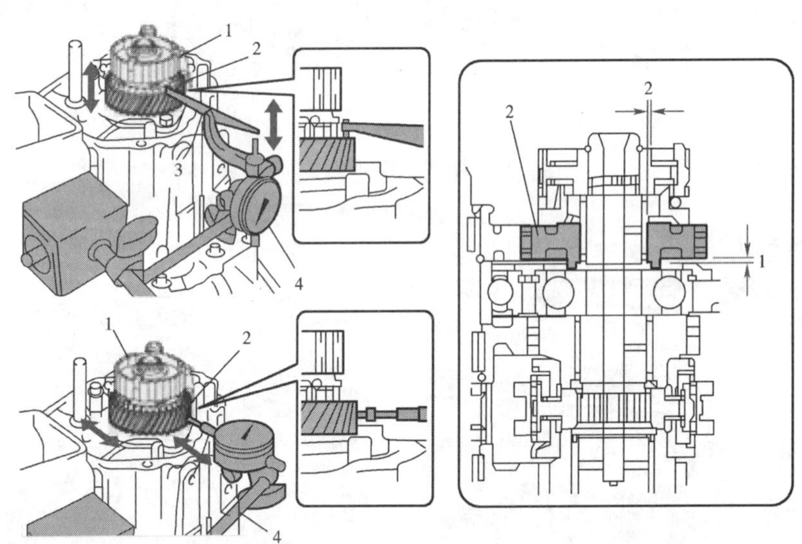

图3-19　测量径向间隙

1-离合器毂；2-五挡齿轮；3-杠杆式探针；4-测微计

（八）拆卸卡环

卡环的形状和位置不同，其拆卸的方法也不同。

（1）使用穿透螺丝刀和锤子，拆卸部件，如图3-20所示。

（2）使用卡环钳，拆卸部件输入轴卡环和输出轴卡环（拆卸过程中，通过用手向上拉轴可以使拆卸更加方便），如图 3-21 所示。

图 3-20　拆卸部件

图 3-21　拆卸卡环

（九）拆卸离合器毂和齿轮

（1）拆卸五挡齿轮和离合器毂。

使用 SST 拆卸离合器毂、同步器锁环和五挡齿轮（将左右 SST 桥臂均匀地靠近齿轮，以防止卡爪不分开），如图 3-22 所示。

（2）拆卸五挡从动齿轮。

使用 SST 拆卸五挡从动齿轮，将 SST 的左右臂均匀地抵着齿轮，以防止卡爪分开，如图 3-23所示。

图 3-22　拆卸五挡齿轮和离合器毂

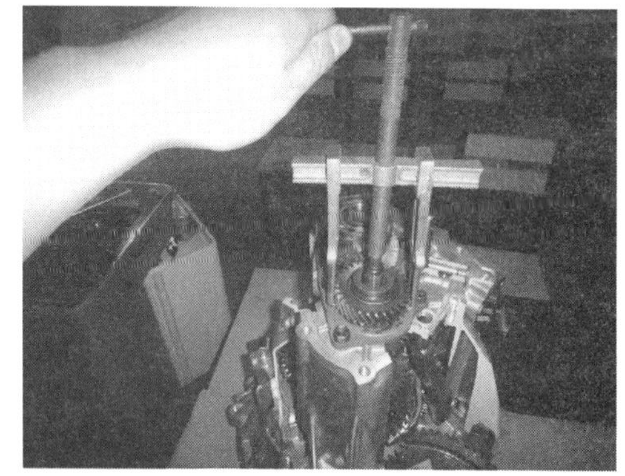

图 3-23　拆卸五挡从动齿轮

（十）分解离合器毂

（1）检查位置：离合器毂和换挡键的安装方向是有规定的。分解此装置前，应确保仔细记录这些位置。

（2）拆卸键簧：用布遮盖离合器毂，以便防止键簧和换挡键旋转到外面。然后用平头螺丝刀撬下键簧。作为一个整体，存储离合器毂和换挡键，如图 3-24 所示。

（十一）拆卸换挡锁止球和锁止球总成

（1）使用六角扳手，将换挡锁止塞和锁止球从变速器壳拆卸。

（2）拆卸弹簧座、弹簧和换挡锁止球，如图 3-25 所示。

①换挡锁止球功能：当调挡时，弹簧将锁止球推到换挡拨叉轴凹槽。这有助于保持正确的

齿轮移位位置,同时防止跳挡和换挡时产生抑制感觉。

②锁止球总成功能:防止变速器在不倒挡时,倒挡惰轮移动。

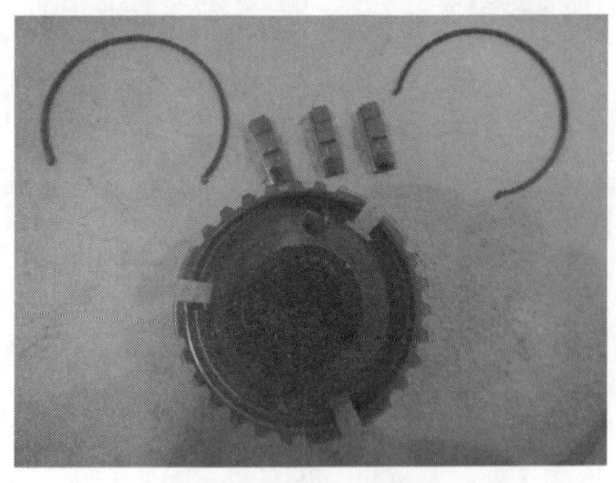
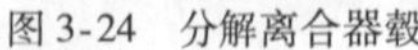

图 3-24 分解离合器毂

图 3-25 拆卸换挡锁止球

(十二)拆下变速器壳

(1)拆下变速器壳罩螺栓:拆卸变速器壳罩螺栓时,均匀松开,按照对角线顺序松开螺栓。

(2)拆下变速器壳:变速器壳采用密封填料黏合到传动桥壳,首先用橡皮锤敲击变速器壳肋线,松开变速器壳后取下变速器壳。

(十三)拆卸换挡拨叉和换挡拨叉轴

(1)检查位置:拨叉和换挡拨叉轴的安装方向是有规定的。分解此装置前,应确保仔细标注这些位置。

(2)拆卸换挡拨叉和换挡拨叉轴

①2 号换挡拨叉轴(三挡和四挡齿轮)位置,如图 3-26 所示。

②1 号换挡拨叉轴(一挡和二挡齿轮)位置,如图 3-27 所示。

图 3-26 2 号换挡拨叉轴

图 3-27 1 号换挡拨叉轴

③拆下 1 号换挡拨叉轴的卡环:使用两只穿透螺丝刀和一只手锤,拆下 1 号换挡拨叉轴的卡环,如图 3-28 所示。

④拆下 1 号换挡拨叉(一挡和二挡齿轮),如图 3-29 所示。

⑤拆下 3 号换挡拨叉轴带倒挡换挡拨叉(五挡和倒挡齿轮),如图 3-30 所示。

⑥拆下 2 号换挡拨叉(三挡和四挡齿轮),如图 3-31 所示。

图 3-28　拆卸卡环

图 3-29　1 号换挡拨叉

图 3-30　3 号换挡拨叉轴带倒挡换挡拨叉

图 3-31　2 号换挡拨叉

（十四）拆卸输入、输出轴

从传动桥壳拆卸输入与输出轴，输入与输出轴因为齿轮接合，不能分别拆卸，如图 3-32 所示。

三、分解、组装输入、输出轴

图 3-32　拆卸输入输出轴

（一）分解输入、输出轴

（1）拆卸离合器毂和齿轮，如图 3-33 所示。

（2）检查齿轮间隙：使用厚度规和百分表测量齿轮间隙。

①检查第一挡齿轮间隙。

用厚度规测量轴向间隙。用百分表测量齿轮和轴之间的径向间隙。如果没有充足的齿轮间隙，齿轮将不能完全润滑；同样地，如果该间隙过大，齿轮将跳离啮合，装置将产生异常噪声。

②检查第二挡齿轮间隙。

用百分表测量轴向间隙。用百分表测量齿轮和轴之间的径向间隙。如果没有充足的齿轮间隙，齿轮将不能完全润滑；同样地，如果该间隙过大，齿轮将跳离啮合，装置将产生异常噪声。

(二)组装输入、输出轴

按照输入、输出轴拆卸顺序的反向组装输入、输出轴。

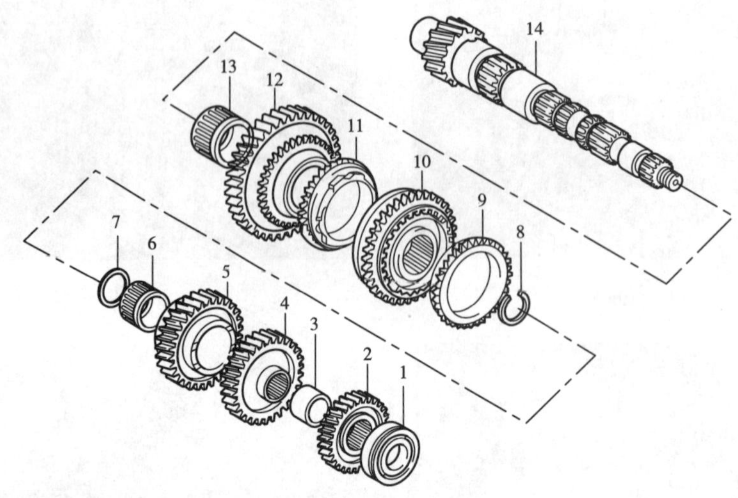

图 3-33　输入、输出轴结构图

1-输出轴轴承;2-第四挡从动齿轮;3-输出齿轮隔圈;4-第三挡从动齿轮;5-第二挡齿轮;6-滚针轴承;7-隔圈;8-卡环;9-同步器锁环(二挡);10-1 号离合器毂总成;11-第一挡同步器锁环;12-第一挡齿轮;13-滚针轴承;14-输出轴

四、组装传动桥

传动桥的装配与拆卸顺序是相反的。所以按照拆卸顺序的反向装上即可。

注意:

(1)组装前应先按规定彻底清洗各零件,仔细检查所有部件的方向和位置。

(2)所有螺栓必须要按照规定力矩进行紧固。

(3)安装各处轴承时要用 SST 压入工具与轴承内圈相接;使用 SST 和力矩扳手,测量各轴承处预紧力,并调整使之符合标准规定。

(4)按规定在需要密封的部位使用闭锁黏合剂或密封填料。

(5)按规定在需要润滑的地方使用润滑脂或润滑剂,保证装配后的良好润滑。

任务二　丰田轿车动力转向系统拆装与检修

一、测量转向盘自由行程

自由行程:转向盘自由行程是指为克服转向系统间隙及弹性变形转向盘所空转过的行程。

测量方法:左、右转动转向盘,感受其无阻力转动的区间,用钢板尺在转向盘边缘测量转向盘在此区间转动时边缘某固定点移动过的距离,即为转向盘自由行程。

二、检查横拉杆及球头

(1)举升车辆

(2)检查横拉杆球头是否松旷,如图 3-34 所示。

(3)检查横拉杆有无弯曲或损坏。

(4)检查横拉杆球头防尘罩是否开裂或老化,如图 3-35 所示。

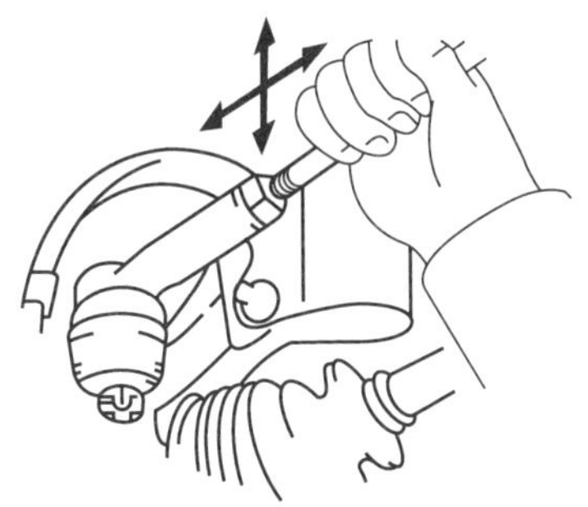

图 3-34　检查横拉杆球头

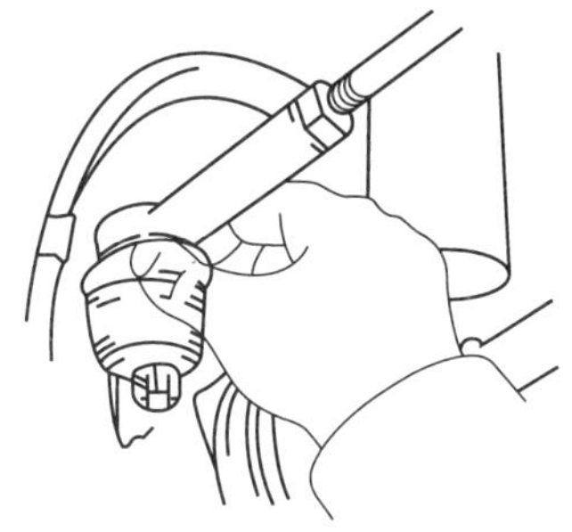

图 3-35　检查横拉杆球头防尘罩

三、检查轮毂轴承

(1)检查轮毂轴承是否松旷,如图 3-36 所示。

(2)检查轮毂轴承旋转状况,如图 3-37 所示。

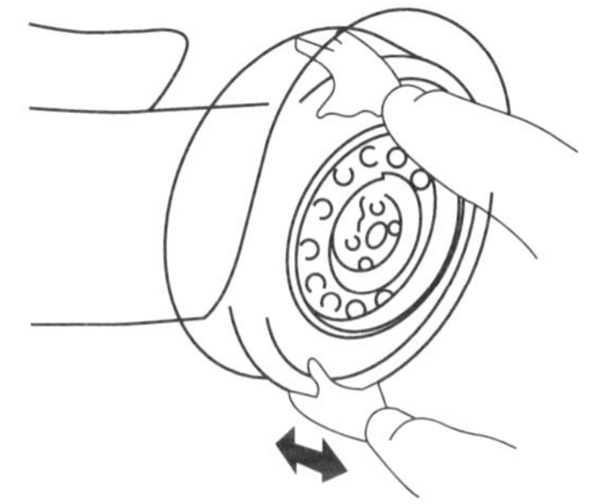

图 3-36　检查轮毂轴承是否松旷

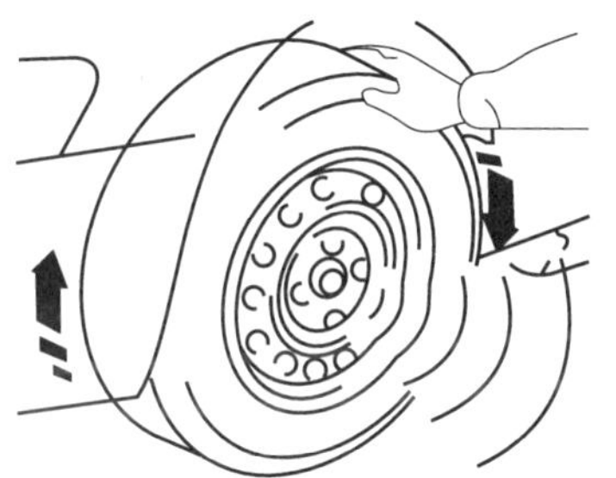

图 3-37　检查轮毂轴承旋转状况

四、拆卸转向机总成

(1)拆下驾驶员侧的手套箱下护板,如图 3-38 所示。

(2)将转向盘置放于中间点位置并进行标记。

(3)拆下柔性万向节的紧固螺栓,如图 3-39 所示。

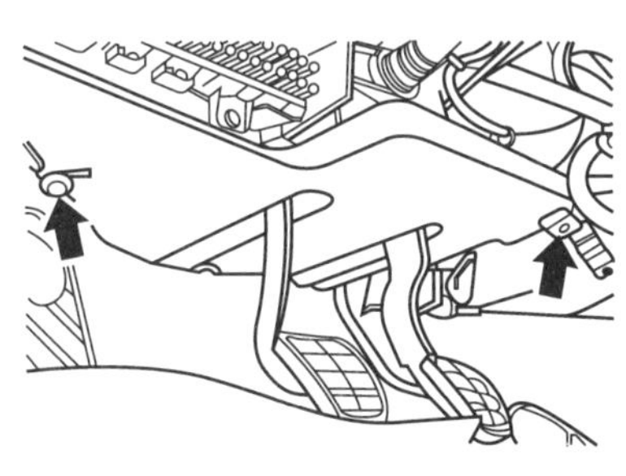

图 3-38　拆卸下护板

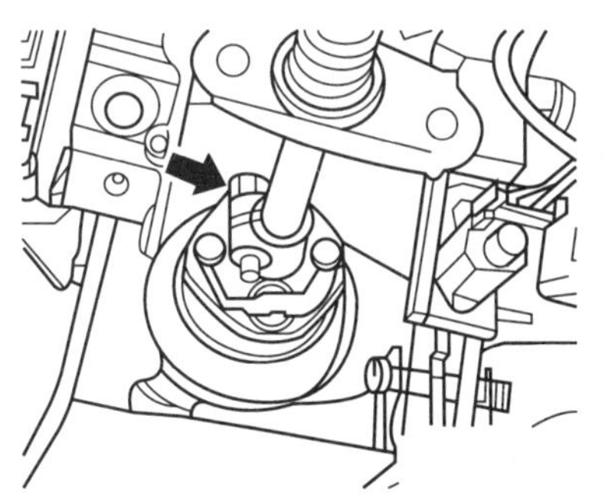

图 3-39　拆下紧固螺栓

(4)拆下转向器与齿条的两个固定螺栓,如图3-40所示。

(5)拆下右前轮,拆下转向器壳与车身上的两个固定螺母,如图3-41所示。

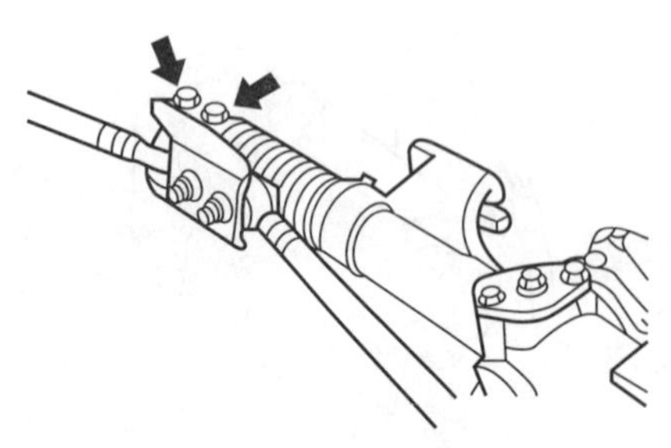

图3-40 拆下固定螺栓

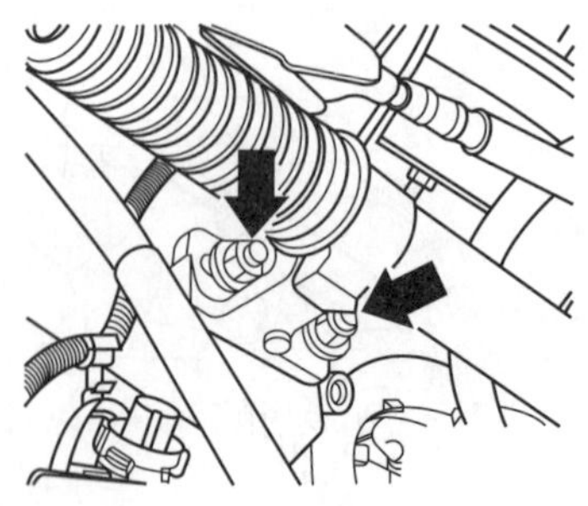

图3-41 拆下固定螺母

(6)从右轮罩侧取出转向器。

五、检修转向器主要零件

(1)检查是否有零件出现裂纹。

(2)检查齿面,应无疲劳剥落及严重磨损,如图3-42所示。

(3)测量齿条的径向圆跳动误差极限值:约为0.30mm,如图3-43所示。

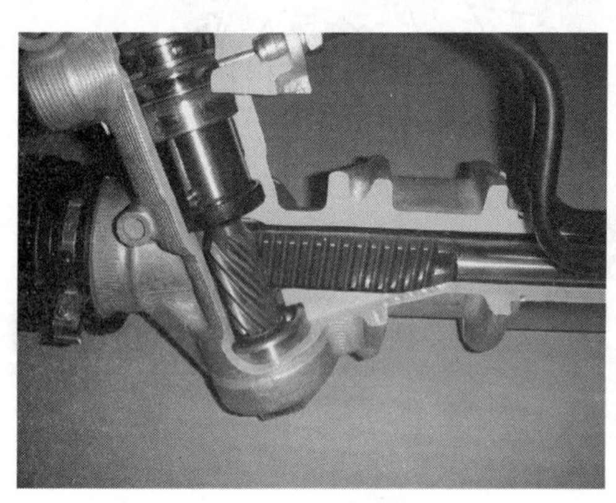

图3-42 检查齿面

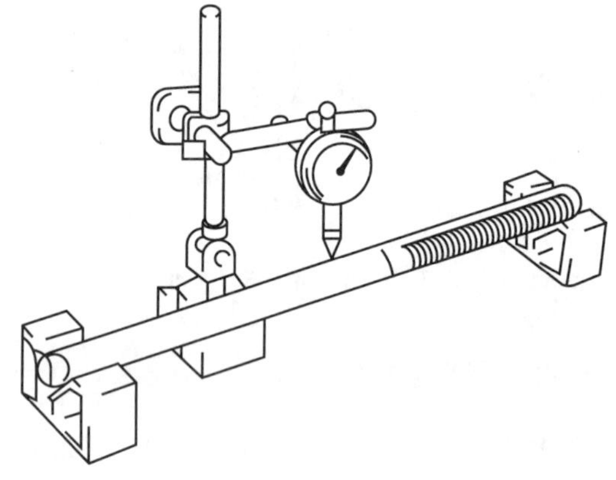

图3-43 测量齿条的径向圆跳动

任务三 丰田轿车制动系统拆装与检修

一、盘式制动器的结构

盘式制动器由制动盘、制动片、制动钳(含制动轮缸及排气螺栓)组成,如图3-44所示。

二、鼓式制动器的结构

(1)鼓式制动器整体结构,如图3-45所示。

(2)鼓式制动器内部结构,如图3-46所示。

三、盘式制动器的拆装

(一)拆卸车轮

(1)使用驻车制动器制动车辆。

(2)用力矩扳手松开车轮螺栓。

(3)安全举升车辆至合适高度。

(4)取下螺栓和轮胎,如图3-47所示。

(二)拆卸制动钳、制动片

(1)拆卸制动钳连接螺栓。

(2)按箭头指示方向拆下制动钳体,如图3-48所示。

(3)取出制动片。

(三)检查制动片厚度

磨损极限为7mm(包括背板),如图3-49所示。

图3-44　盘式制动器组成

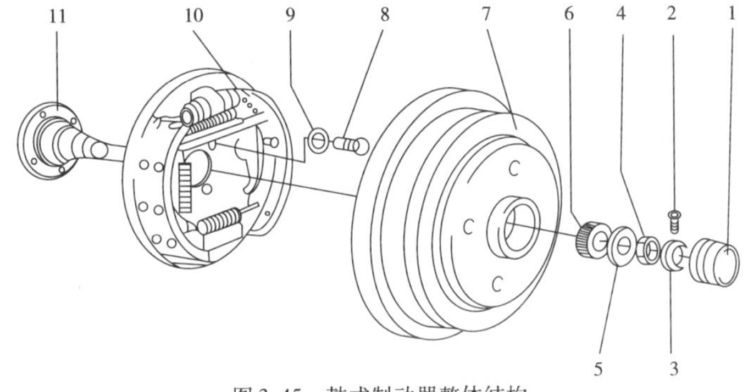

图3-45　鼓式制动器整体结构

1-润滑脂盖;2-开口销;3-锁止环;4-六角螺母;5-止推垫片;6-车轮外轴承;7-制动鼓;8-六角螺栓;9-蝶形垫片;10-制动底板和制动蹄片;11-短轴

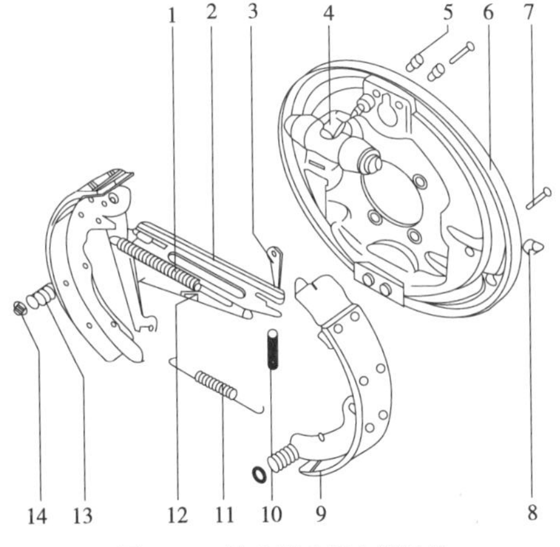

图3-46　鼓式制动器内部结构

1-复位弹簧;2-推杆 3-调整楔;4-车轮制动缸;5-内六角螺栓;6-制动底板;7-紧固销钉;8-护帽;9-制动蹄片 10-弹簧;11-复位弹簧(下);12-制动杆;13-定位弹簧;14-弹簧座

图3-47　拆卸车轮

(四)安装制动片、制动钳

(1)用装配工具把活塞压进制动钳壳体里,如图 3-50 所示。

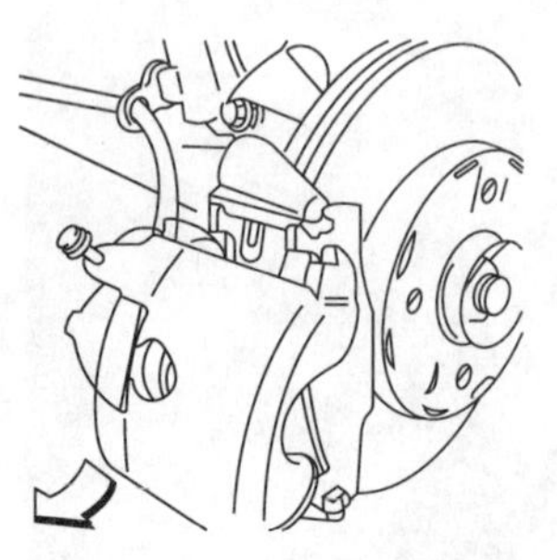

图 3-48　拆下制动钳体

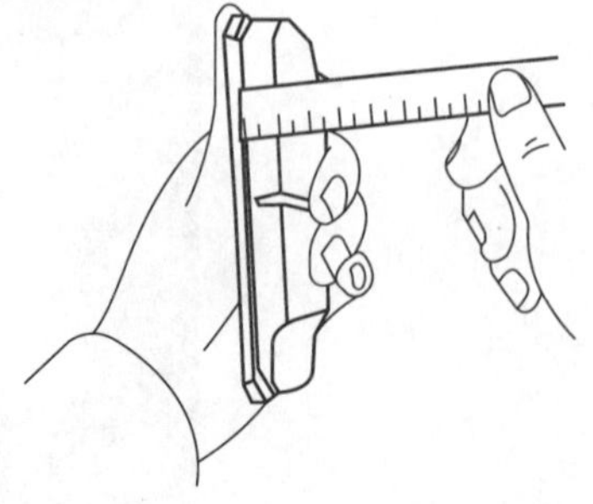

图 3-49　检查制动片厚度

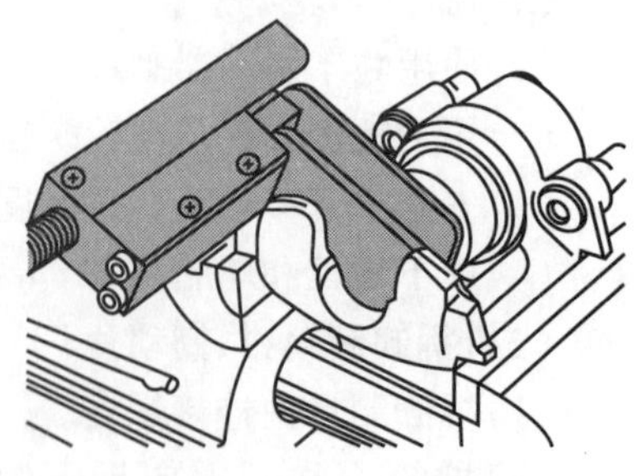

图 3-50　压入活塞

(2)安装制动片,如图 3-51 所示。

(3)安装制动钳,如图 3-52 所示。

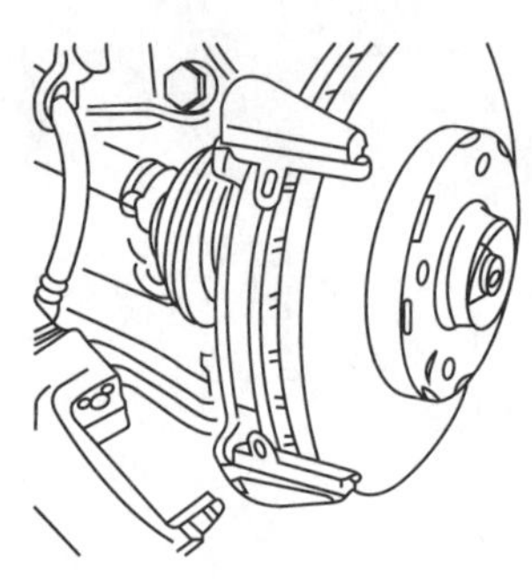

图 3-51　安装制动片

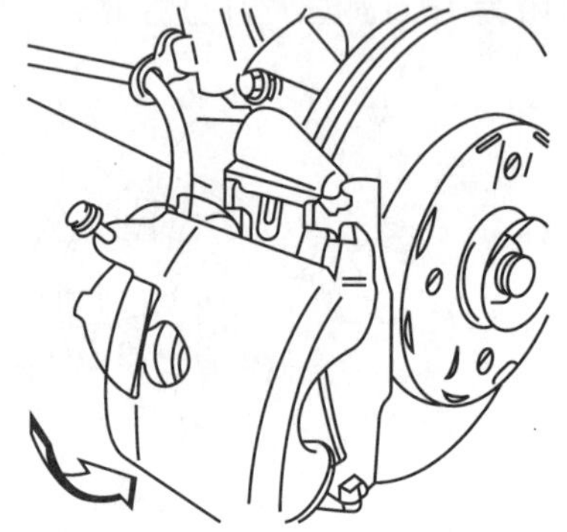

图 3-52　安装制动钳

(4)安装、紧固制动钳连接螺栓,拧紧力矩为 25N · m。

(5)安装车轮及螺栓,拧紧力矩 100N · m。

四、鼓式制动器的拆装

(一)拆卸车轮

(1)使用驻车制动器。

(2)用力矩扳手松开车轮螺栓。

(3)安全举升车辆至合适高度。

(4)取下螺栓和轮胎。

(二)拆下制动鼓

(1)释放驻车制动器。

(2)取下制动鼓固定螺栓。

(3)取下制动鼓。

(三)拆下制动蹄片

(1)取下紧固销钉、弹簧座和弹簧。

(2)取出复位弹簧(下)。

(3)分离驻车制动拉索。

(4)取出制动蹄片总成。

(四)制动蹄片的解体与安装

(1)把制动蹄夹在台钳上。

(2)拆下调整楔的拉簧。

(3)拆下上复位弹簧,如图3-53所示。

(4)拆下定位弹簧,如图3-54所示。

(5)挂上定位弹簧。

(6)将制动片装在推杆上,如图3-55所示。

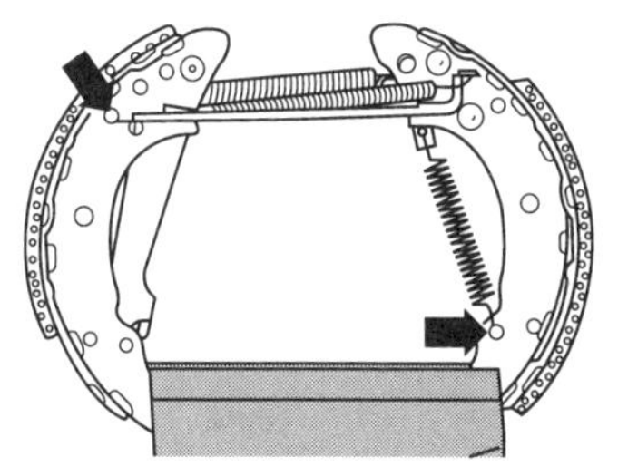

图3-53 拆卸上复位弹簧

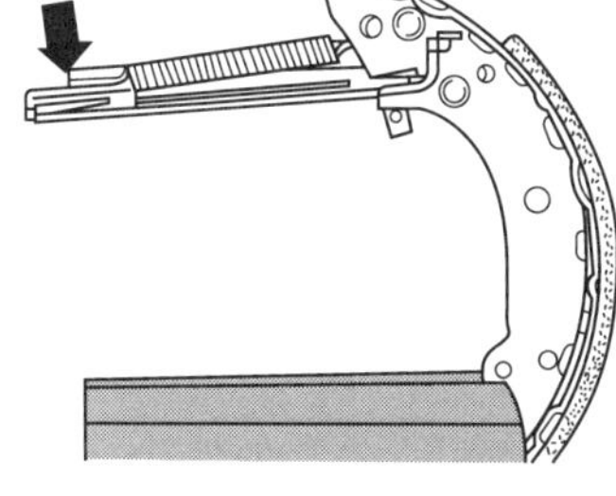

图3-54 拆下定位弹簧

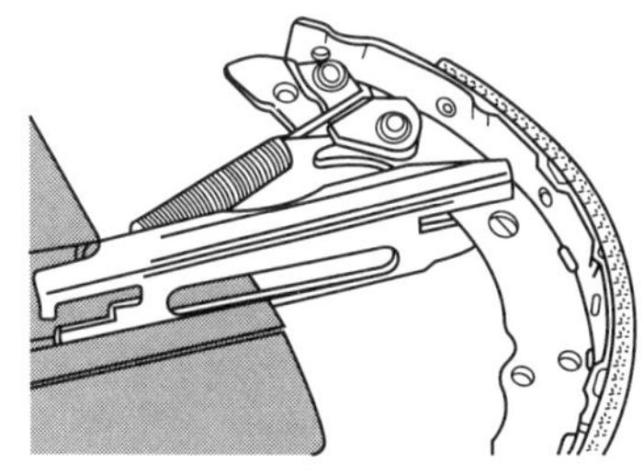

图3-55 将制动片装在推杆上

(7)插入调整楔。

(8)安装上复位弹簧。

(9)安装驻车制动拉索。

(10)安装制动蹄片至轮缸。

(11)安装下复位弹簧。

(12)连接调整楔弹簧。

(13)安装紧固销钉及弹簧(座)。

(14)安装制动鼓及固定螺栓。

(15)踩制动踏板使蹄片复位。

(16)安装车轮及螺栓,拧紧力矩100N·m。

任务四 丰田轿车四轮定位检查

一、什么是四轮定位

(一)概念

通常认为,车辆的4个车轮都是与地面垂直的,这种认识是错误的。四轮定位是指机动车车轮、悬架系统元件以及转向系统元件,安装到车架(或车身)上的几何角度与尺寸须符合一定的要求,保证汽车行驶的稳定性和安全性,减少汽车轮胎的磨损和油耗。

(二)进行四轮定位的目的

(1)增加行驶安全。

(2)直行时转向盘正直。

(3)转向后转向盘自动回正。

(4)减少汽油消耗。

(5)减少轮胎磨损。

(6)维持直线行车。

(7)增加驾驶控制感。

(8)降低悬架系统配件磨损。

(三)四轮定位的主要参数

四轮定位的主要参数有:外倾角(Camber)、前束(Toe)、主销后倾角(Caster angle)、主销内倾角(Kingpin inclination angle)。

(1)外倾角:从汽车正前方看,汽车车轮的顶端向内或向外倾斜一个角度,称为车轮的外倾,如图3-56所示。

外倾角的作用:增加汽车直线行驶的安全性。当具有外倾角时,可使车轮在转向时偏移量减小,所以能减少转向力。另外,路面对车轮的垂直反作用力沿轮毂的轴向分力将使轮毂压在轮毂外端的小轴承上,加重了外端小轴承及轮毂紧固螺母的负荷,有紧固轴承的作用。

(2)前束:从汽车的正上方向下看,由轮胎的中心线与汽车的纵向轴线之间的夹角称为前束角,如图3-57所示。

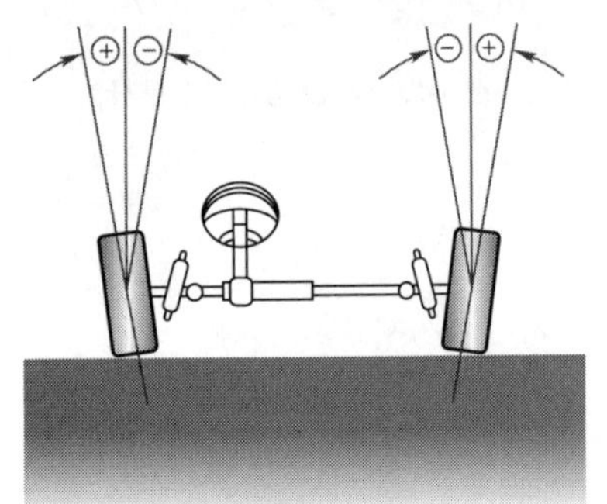

图3-56 外倾角

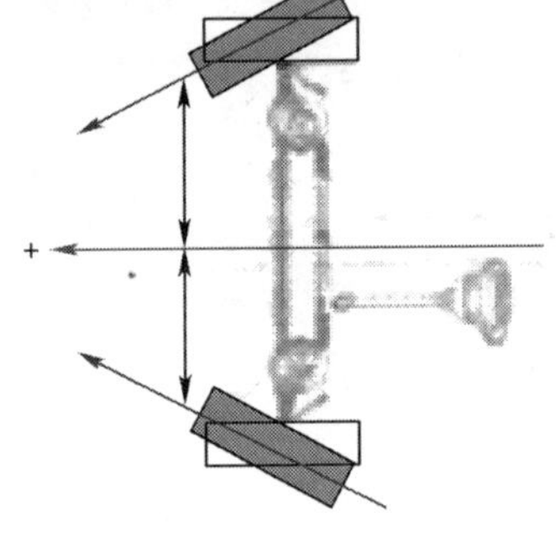

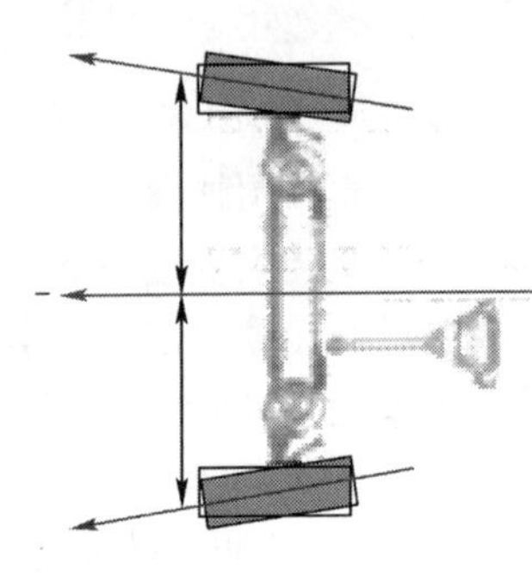

图3-57 前束

前束的作用:车轮外倾使前轮有向两侧张开的趋势(滚锥效应),由于受车桥约束,不能向外滚开,导致车轮边滚边滑,增加了磨损。有了前束后可使车轮在每瞬间的滚动方向都接近于正前方,减轻了轮毂外轴承的压力和轮胎的磨损。

(3)主销后倾角:主销是指车轮转动时所绕的轴线。从车辆侧面看,该轴线偏离铅垂线的角度称为主销后倾角,如图3-58所示。

主销后倾角的作用:主销后倾角形成回正的稳定力矩。

(4)主销内倾角:主销内倾角指从车辆前后看去主销与铅垂线的夹角,如图3-59所示。

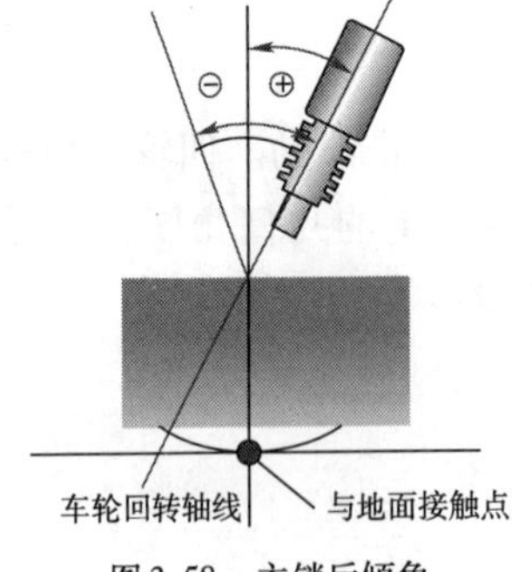

图3-58 主销后倾角

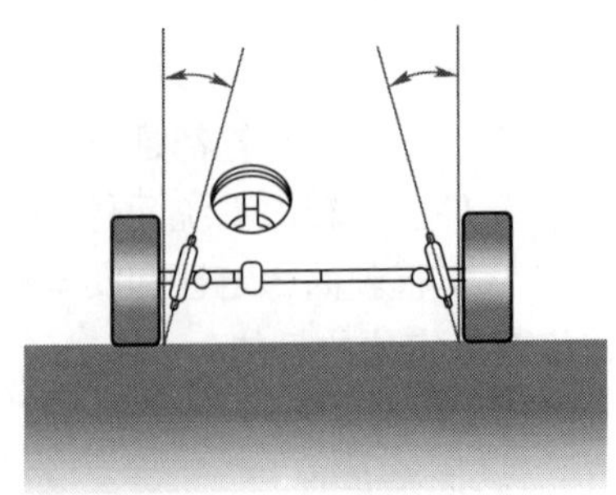

图3-59 主销内倾角

主销内倾角的作用：主销内倾角也有使车轮自动回正的作用。此外，主销的内倾还以减少转向时驾驶员加在转向盘上的力，使转向操纵轻便。

二、四轮定位操作步骤

（1）定位前准备：确认打印机和主机连接正常，主机与设备电缆连接正常。

（2）转向盘设置：车辆安装前必须把转向盘固定插头插好；前轮中心正下方要和转向盘中心重合。

（3）轮辋夹具的安装：轮辋夹具安装在轮辋上，应在车辆举升状态下处于竖直位置后使用，把夹具的锁紧旋钮转到适当的间距后，先把下面的夹子挂在轮辋上，再把上面的挂在轮辋上，一边轻轻地按，一边转锁紧旋钮，用适当的力把它夹紧在轮辋上。如图3-60所示。

（4）定位操作：程序进入四轮定位系统，按“开始定位”按钮，进入测量，如图3-61所示。

图3-60　安装轮辋夹具

图3-61　选择界面

（5）输入信息：在VIN编号里输入车身号码，在操作员里输入操作员代号，如图3-62所示。

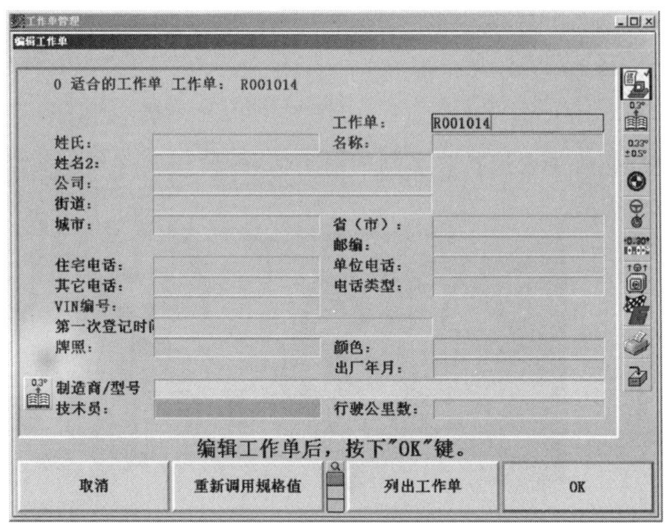

图3-62　输入VIN码

(6)选择车辆规格,如图 3-63 所示。

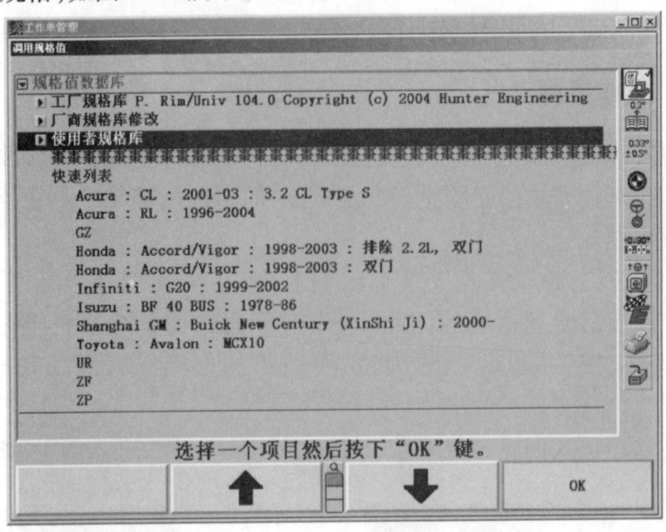

图 3-63　选择车辆规格

(7)开始测量四轮定位角度:选择车辆参数规格后,按照提示测量。滚动补偿前,先要安装转向盘水平仪和固定仪。注意保护座椅表面不被刮花,如图 3-64 所示。

(8)做滚动补偿时,要用手抓住左后轮轮胎,小心往后拉,如图 3-65 所示。

图 3-64　安装水平仪和固定仪

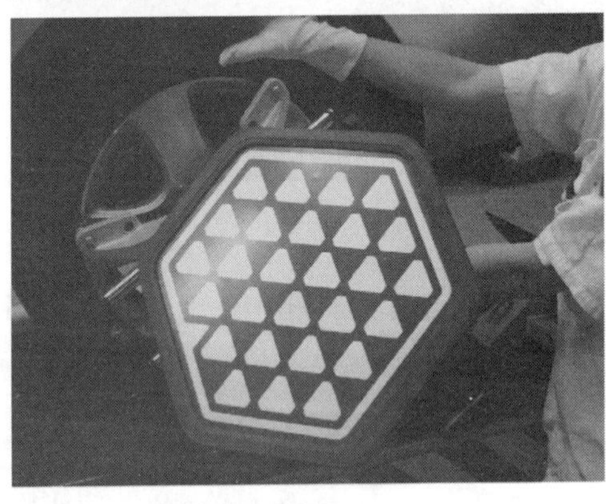

图 3-65　做滚动补偿

(9)安装制动锁时,必须先拉紧驻车制动器手柄,挂空挡或者驻车车挡,起动后先踩几脚制动踏板,如图 3-66 所示。

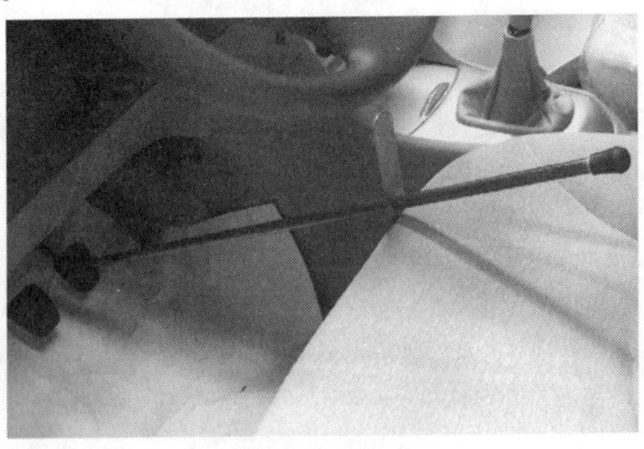

图 3-66　安装制动锁

(10)测量完毕后,可根据测得数值调整不合格的定位参数。如图 3-67 所示。

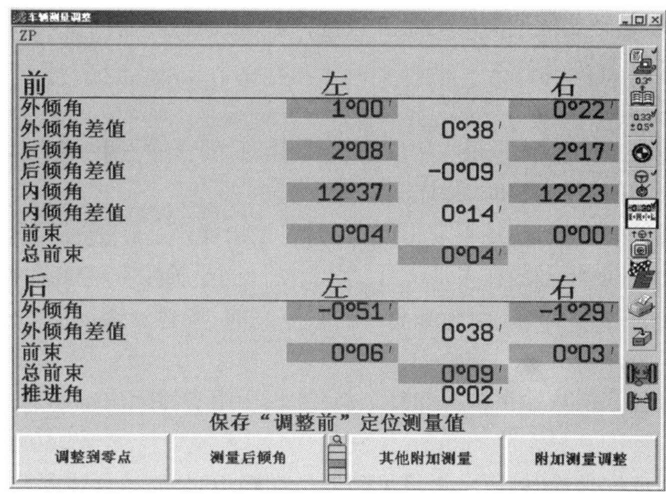

图 3-67　测量值

(11)测量完 1 辆车,打印并保存完结果后,要将系统复位,如图 3-68 所示。

工作单管理
ZP
用户信息
客户: 1005
住宅电话:
单位电话:
其他电话:
电话类型:
车辆信息
VIN编号: LHGGD854472000133
第一次登记时间
牌照:
颜色:
出厂年月:
制造厂:
车型:
ZP
规格值:
ZP
工作单信息
产生: 23.3.06 18:36
最后更改: 23.3.06 18:47
技术员: HJL
定位过程:
工作单: R001024
行驶公里数:
查看当前工作单。
编辑工作单
复位

图 3-68　系统复位

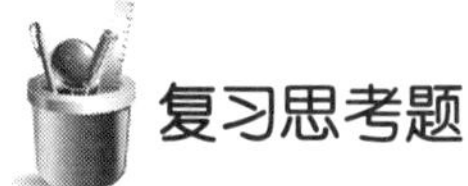

复习思考题

一、判断题(对的打√,错的打 ×)

1. 当在工作台放置传动桥时,使发动机安装表面朝向传动桥和传动桥底部,用木块保持。（　　）

2. C51 手动传动桥的离合器毂和换挡键的方向是有规定的,然而拨叉和换挡拨叉轴的方向没有规定。（　　）

3. 轴承和油封的拆卸方法因形状和位置的不同而不同。（　　）

4. 按对角线,一次一点地均匀拧紧变速器盖螺栓。（　　）

5. 当同步器锁环的内表面磨损时，同步器锁环与齿轮之间的间隙变小。（　）

6. 齿轮与同步器锁环之间间隙的测量方法是：用手按压齿轮与同步器锁环的同时，使用厚度规，在若干位置进行测量。（　）

7. 如果离合器毂和毂套滑动时发生拖滞，换挡杆也会发生拖滞。（　）

8. 当毂套和拨叉之间间隙超过最大限度值，当换挡时，毂套冲程小，难以接合齿轮。（　）

9. 当齿轮内径和轴外径磨损时，径向间隙变大。（　）

10. 如果输出轴轴颈磨损，换挡将变得困难，齿轮发出噪声。（　）

11. 测量输出轴跳动，将轴放在 V 形块上，用测微计测量轴颈。（　）

12. 分解输出轴时，拆下轴承、齿轮和离合器毂等之前，务必测量每个齿轮的间隙。（　）

13. 使用液压机和 SST 从输出轴拆卸每个齿轮时，用手支撑输出轴底部，以便拆卸齿轮时，输出轴不会坠落。（　）

14. 当拆卸齿圈定位螺栓时，用台钳将齿圈保持在铝板之间，以便齿圈定位螺栓不会收缩。（　）

15. 当在齿圈定位螺栓使用锁止片时，锁止片是可再次使用的部件，因此将其拆下以便用于重新装配。（　）

16. 齿隙指齿轮齿间间隙，可使齿轮平稳转动。（　）

17. 拆卸安装在差速器箱上的直销时，使用凿子锤子，打出直销。（　）

18. 装配 C51 手动传动桥上的前桥壳油封时，使用 SST(更换工具)装配，并按压。（　）

19. 在差速器箱支撑的锥形滚珠轴承上施加预紧力，是为了使差速器箱在传动桥中不发生振动。（　）

20. 对 C51 手动传动桥的输入轴与输出轴的组配，装配时，输入轴与输出轴齿轮接合。（　）

二、简答题

1. 常见的制动系统中的故障现象有哪些？
2. 汽车制动系统的作用是什么？主要有哪几部分组成？有些什么类型？
3. 盘式车轮制动器最常用的是什么形式？有哪些基本组成？盘式车轮制动器有何特点？
4. 四轮定位的基本参数有哪些？
5. 各定位参数不准确分别会导致什么故障？
6. 简述转向机总成的拆卸步骤？
7. 如何检查轮毂轴承是否松旷？

项目四　丰田轿车灯光系统

Z 知识目标

1. 了解丰田轿车灯光系统的类型、作用；
2. 掌握丰田轿车灯光系统的工作原理。

N 能力目标

1. 掌握丰田轿车灯光系统电路的分析方法；
2. 能进行丰田轿车灯光系统的检测；
3. 掌握丰田轿车前照灯的拆装方法。

S 素质目标

1. 提高安全与防护意识；
2. 增强车间5S意识和能力；
3. 培养合作、交流、沟通能力。

任务一　丰田轿车灯光系统电路分析及检测

一、设备、工具和材料准备

1. 丰田卡罗拉轿车；
2. 拆装工具；
3. 电路检测仪器；
4. 丰田卡罗拉轿车维修手册。

二、丰田威驰轿车前照灯电路分析及检测

如图4-1所示为丰田威驰轿车前照灯电路图。蓄电池电源经过左/右前照灯后由组合开关连接至搭铁构成回路。依电路图的分析，影响前照灯的一般故障点为导线、熔断丝、前照灯以及组合开关。在检修时应注意，用万用表检查线路电阻可以较快地查出故障点。

在确认蓄电池电压正常的情况下，可对灯光电路进行如下检查。

(1)利用万用表测量蓄电池正极与前照灯端子3的电阻，正常情况下，应不大于1Ω。如不是，检查或更换熔丝及线路。

(2)测量前照灯H1端子1与组合开关C9端子8、H1端子2与C9端子9间的电阻，应不大于1Ω，否则检查接线盒及线路有无断路或短路故障。

(3)检查组合开关。

①检查灯光控制开关各端子间连接,如表 4-1 所示。如不符合,则应更换。

②检查变光开关,如表 4-2 所示。检查“远光灯光柱”和“近光灯光柱”时,把前照灯组合开关转到前照灯位置。如果不符合规定,则更换开关。

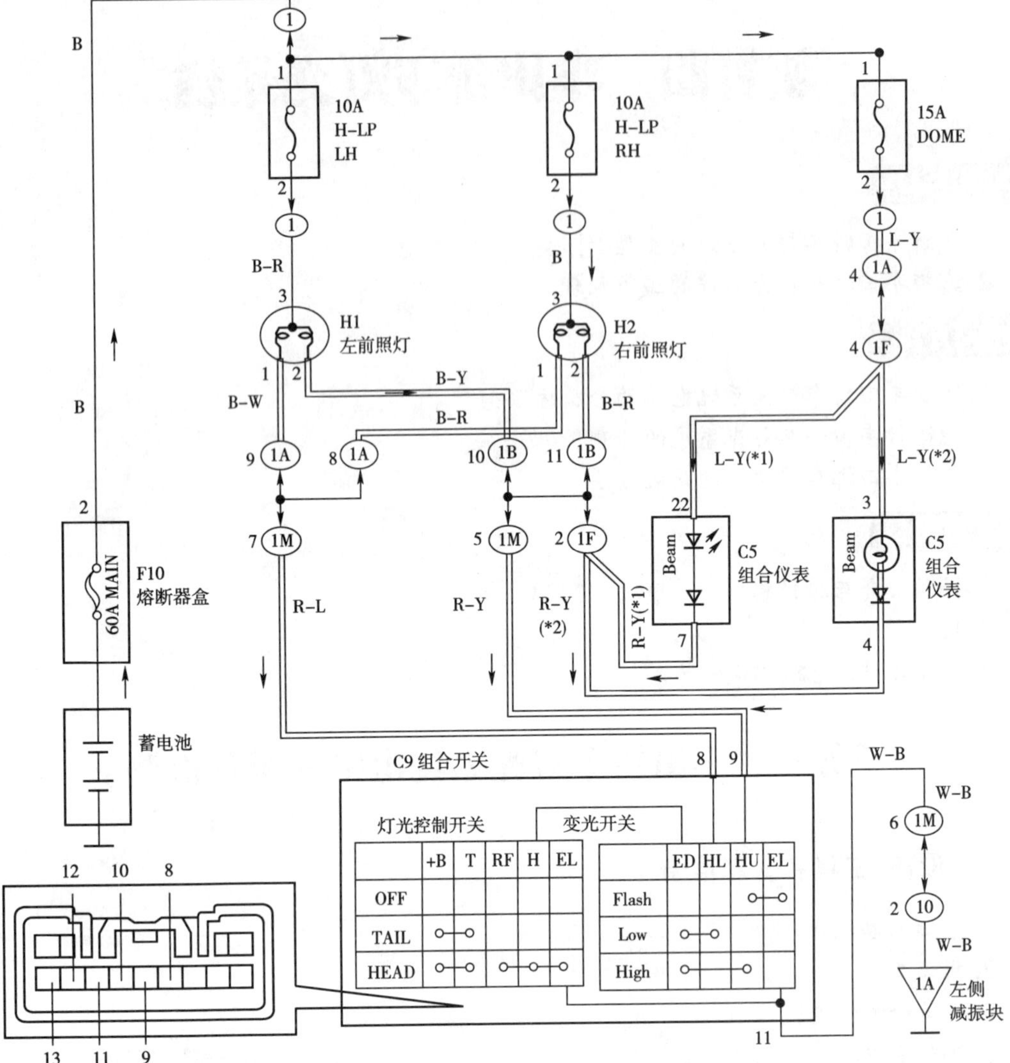

图 4-1 丰田威驰轿车前照灯电路图

(4)检查搭铁电路,测量 C9 组合开关端子 11 与搭铁点间的电阻,应不大于 1Ω,否则检查线路及搭铁点。搭铁点在左侧减振块上。应检查搭铁点有无松动、接触不良等故障。

检查灯光控制开关 表 4-1

开关动作	测试端子	规定状态	开关动作	测试端子	规定状态
OFF	10-11,12-13	不导通	HEAD	10-13,11-12	导通
TAIL	10-13	导通	HEAD	11-12	导通

三、丰田威驰轿车前/后雾灯电路分析及检测

雾灯电路如图 4-2 所示,蓄电池电压通过组合开关后搭铁形成控制雾灯继电器的控制电路,接通电源与雾灯及仪表雾灯指示灯电路。

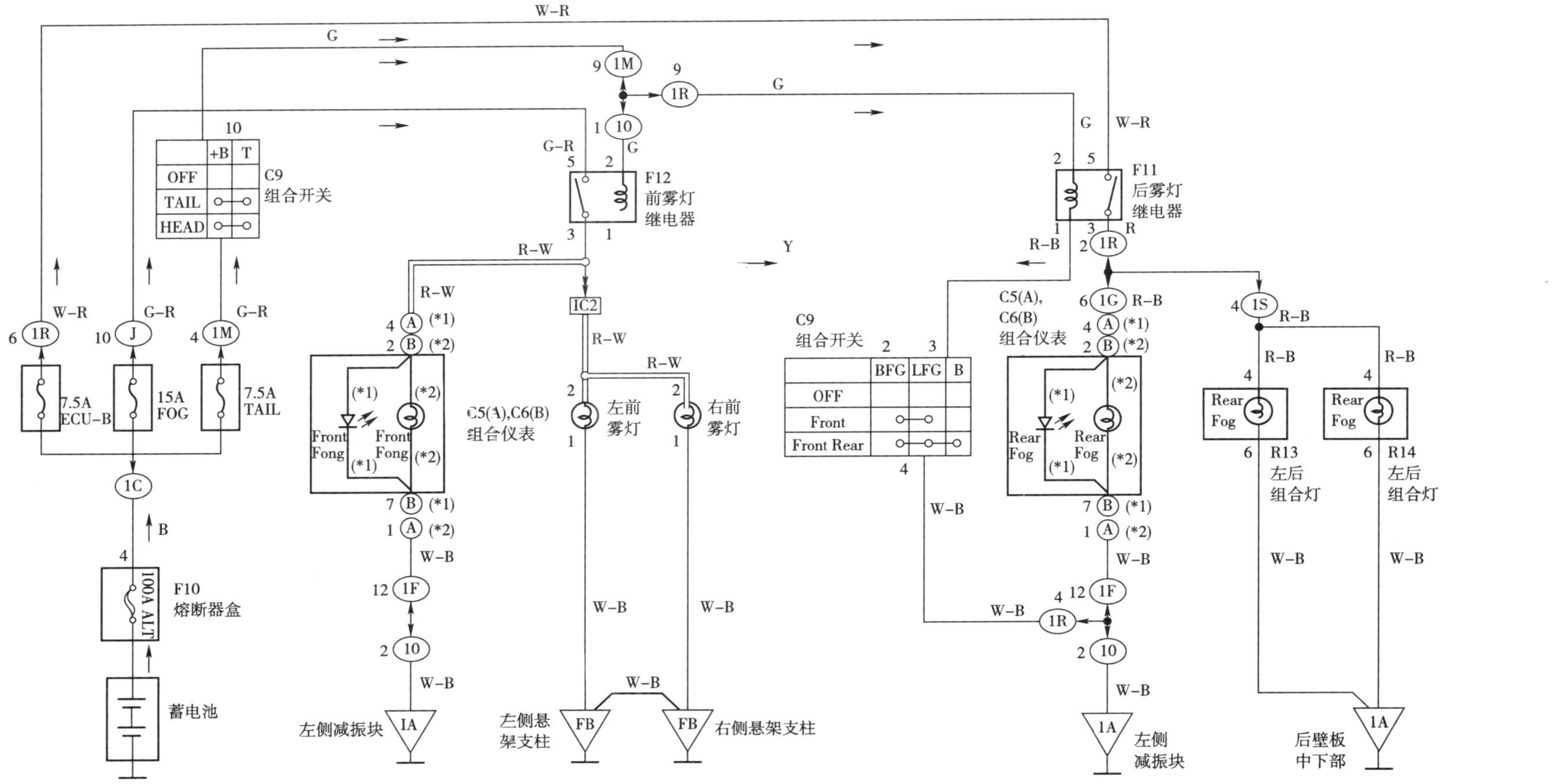
W-R
G
9 1M
9 1R
G
1 10
G-R
5
2
G
F12
前雾灯
继电器
3
1
R-W
Y
G
W-R
2
5
F11
后雾灯
继电器
1
3
R
R-B
2 1R
10
+B
T
OFF
TAIL
HEAD
C9
组合开关
W-R
G-R
G-R
6 1R
10 J
4 1M
7.5A
ECU-B
15A
FOG
7.5A
TAIL
1C
B
4
100A ALT
F10
熔断器盒
蓄电池
R-W
4 A (*1)
2 B (*2)
(*1)
(*2)
Front
Fong
Front
Fong
(*1)
(*2)
C5(A),C6(B)
组合仪表
7 B (*1)
1 A (*2)
W-B
12 1F
2 10
W-B
左侧减振块
IA
IC2
R-W
R-W
2
左前
雾灯
1
2
右前
雾灯
1
W-B
W-B
W-B
左侧悬
架支柱
FB
FB
右侧悬架支柱
C9
组合开关
2
3
BFG
LFG
B
OFF
Front
Front Rear
4
W-B
6 1G R-B
C5(A),
C6(B)
组合仪表
4 A (*1)
2 B (*2)
(*1)
(*2)
Rear
Fog
Rear
Fog
(*1)
(*2)
7 B (*1)
1 A (*2)
W-B
4 12 1F
W-B
1R
2 10
W-B
1A
左侧
减振块
4 1S R-B
R-B
R-B
4
4
Rear
Fog
Rear
Fog
6
R13
左后
组合灯
6
R14
左后
组合灯
W-B
W-B
后壁板
中下部
1A

图4-2　前/后雾灯电路图

检查变光开关　　表 4-2

开关动作	测试端子	规定状态	开关动作	测试端子	规定状态
FLASH	9 - 11	导通	HIREAM	9 - 11	导通
LOW BEAM	8 - 11	导通			

(一)前雾灯继电器的检查

(1)检查雾灯继电器各端子间是否导通,如图 4-3 所示。

(2)在端子 1 和 2 之间加上蓄电池电压 10 ~ 14V,然后检查端子 3 和 5 之间是否导通。标准应导通。

(二)后雾灯继电器的检查

(1)检查雾灯继电器各端子间是否导通,如图 4-4 所示。

(2)在端子 1 和 2 之间加上蓄电池电压 10 ~ 14V,然后检查端子 3 和 5 之间是否导通。标准应导通。

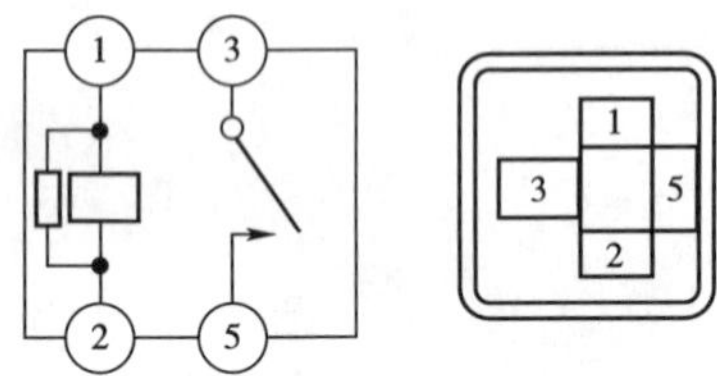

图 4-3　检查前雾灯继电器

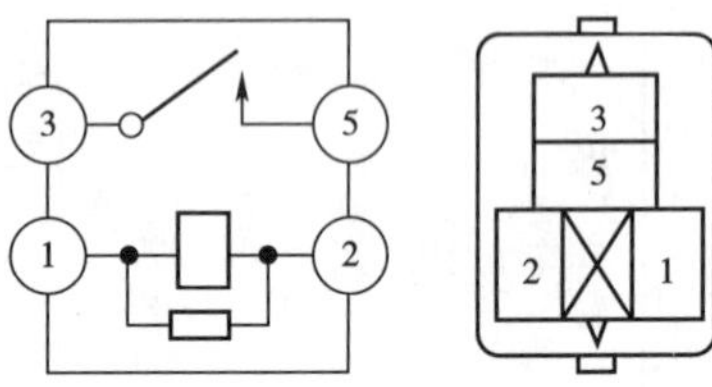

图 4-4　检查后雾灯继电器

四、丰田威驰轿车转向信号和危险警告灯电路分析及检测

如图 4-5 所示为转向信号和危险警告灯电路,供电电流流向:蓄电池电源→100A ALT 熔断丝→点火开关 IG1→10A 仪表熔断丝→闪光继电器,此为 IG 电源;蓄电池电源→100A ALT 熔断丝→10A 危险警告灯熔断丝→闪光继电器,此为常火电源供电。当组合开关 TL 或 TR 时,闪光继电器接通向左或向右的转向信号灯,同时接通仪表转向指示灯电路。闪光继电器 LL、LR 端子为左转向灯及右转向灯电源输出端。

对转向信号灯电路的检修,应主要检查组合开关、闪光继电器、线束及信号灯。对各故障检查部位可参考表 4-3。闪光继电器的检查如下。

(1)断开转向信号闪光器插接器,检查插接器各端子,检查结果如表 4-4 所示。

(2)把插接器连接到转向信号闪光器上,从插接器后端检查线索端插接器端子,检查结果如表 4-5 所示。

故障部位表　　表 4-3

故障现象	可能的故障部位
“安全”和“转向”不工作	1. HAZ 熔断丝;2. 转向信号闪光继电器;3. 线束
安全警告灯不工作(转向正常)	1. 安全报警信号开关总成;2. 线束
转向信号不正常(安全不正常)	1. 转向信号开关;2. 线束
转向信号有一侧不正常	1. 转向信号开关;2. 线束
只有一只灯泡不正常	1. 灯泡;2. 线束

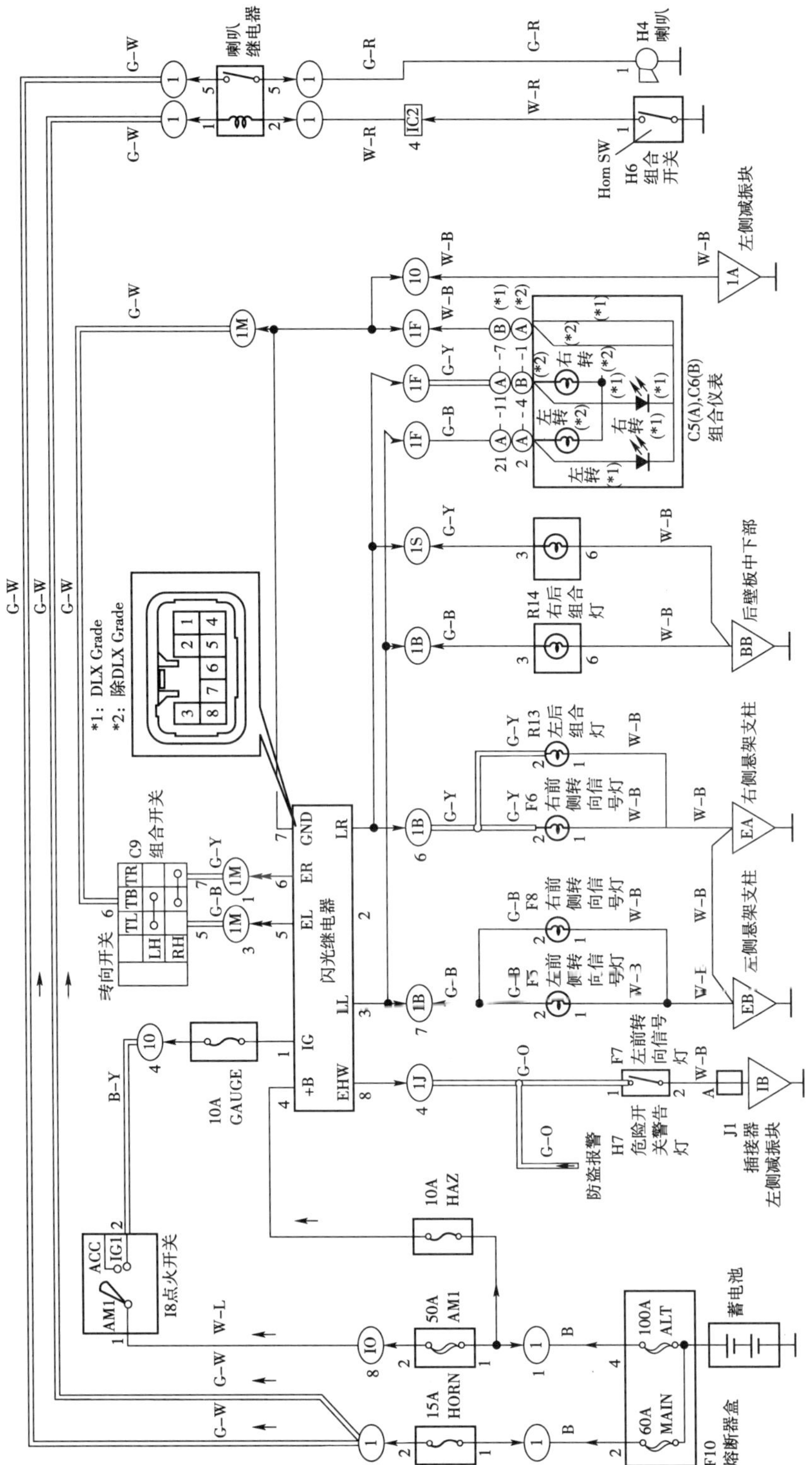

图4-5 转向信号和危险警告灯电路图

闪光插接器检测 表 4-4

测试端子	测试状态	规定状态
1－搭铁	点火开关 ON	蓄电池正极电压
1－搭铁	点火开关 OFF	无电压
4－搭铁	常火	蓄电池正极电压
7－搭铁	常火	导通

闪光插接器检测 表 4-5

测试端子	测试状态	规定状态
2－搭铁	安全开关 OFF→ON	0V→0～9V(60～120 次/min)
2－搭铁	转向信号开关(右转)OFF→ON	0V→0～9V(60～120 次/min)
3－搭铁	安全开关 OFF→ON	0V→0～9V(60～120 次/min)
3－搭铁	转向信号开关(左转)OFF→ON	0V→0～9V(60～120 次/min)
5－搭铁	转向信号开关(左转)OFF→ON	大于 9V→0V
6－搭铁	转向信号开关(右转)OFF→ON	大于 9V→0V
8－搭铁	安全开关 OFF→ON	大于 9V→0V

任务二　丰田轿车前照灯的拆装

一、设备、工具和材料准备

1. 丰田威驰轿车大灯；
2. SST 专用工具和常用拆装工具；
3. 车辆举升器。

二、操作步骤

(1)打开发动机舱盖拆下保险杠上的塑料螺钉,用手拔下前格栅网罩,如图 4-6 所示。

(2)用举升机将车辆升起,用套筒扳手拆下挡泥板与保险杠连接的螺钉,如图 4-7 所示。

图 4-6　拆卸前格栅网罩

图 4-7　拆卸挡泥板与保险杠连接螺钉

(3)用套筒扳手拆下前保险杠底部与车身支架的固定螺栓,如图 4-8 所示。

(4)用举升机将车辆放下并取下保险杠,注意掌握合适的力度,禁止粗暴操作,如图 4-9 所示。

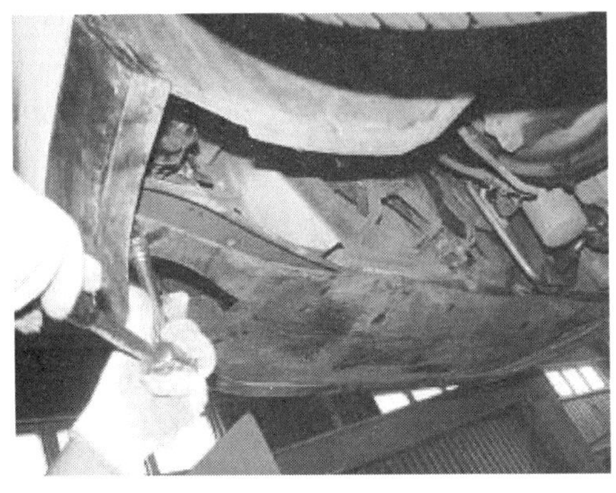

图 4-8　拆卸前保险杠底部与车身支架固定螺栓

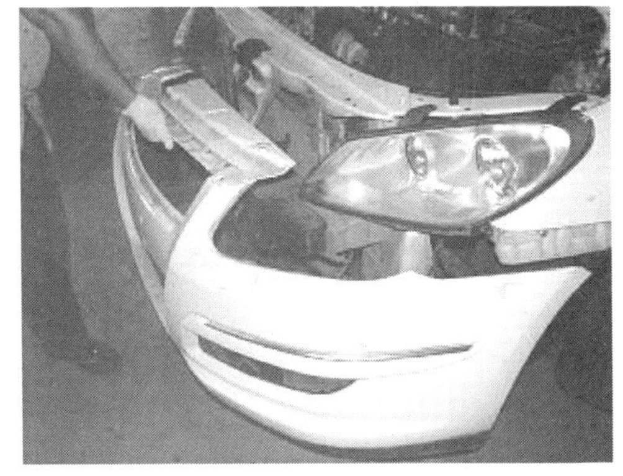

图 4-9　取下前保险杠

(5)用套筒松开大灯在前舱横梁上的两个固定螺栓,如图 4-10 所示。

(6)用套筒松开大灯与翼子板的螺栓,如图 4-11 所示。

图 4-10　松开大灯固定螺栓

图 4-11　松开前照灯与翼子板的螺栓

(7)拔开前照灯线束插头,取下前照灯总成,如图 4-12 所示。

(8)用手拧开前照灯远光灯灯座护盖,拔下灯泡线束插头,如图 4-13 所示。

图 4-12　拔开前照灯线束插头

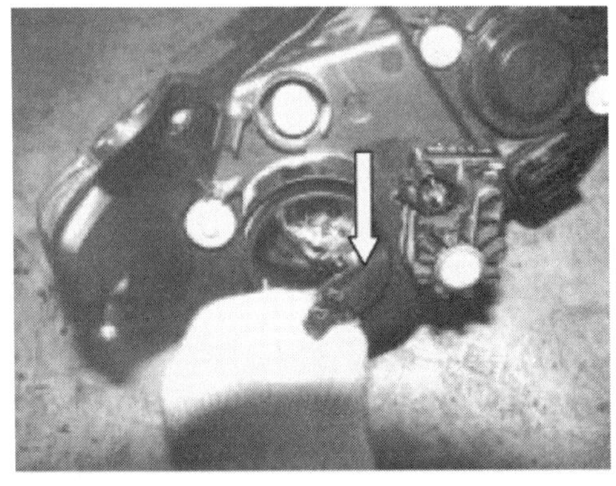

图 4-13　拧开前照灯远光灯灯座护盖

(9)用手压下灯泡固定卡簧，将卡簧向上翻起，取出灯泡，如图4-14所示。

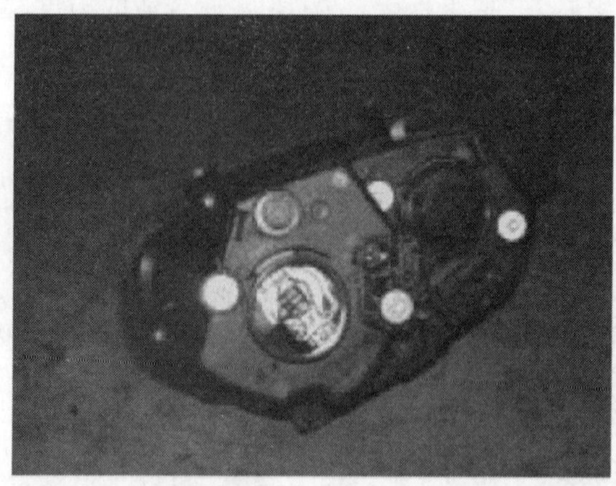

图4-14　取出灯泡

(10)近光灯的拆装与远光灯的拆装相同，具体拆卸步骤参考远光灯的拆卸步骤。

注意：在拆卸的时候要注意保护好前照灯的灯罩表面不被划伤，注意安全。同时，不要用手接触灯泡表面。

复习思考题

1. 分析丰田威驰轿车雾灯电路？
2. 如何诊断丰田威驰轿车安全警告灯不工作故障？
3. 简述前照灯拆装的步骤及注意事项？
4. 简述卤素灯泡是利用什么原理制成的？
5. 简述对汽车前照灯的照明有何要求？

项目五 丰田轿车车身舒适系统

Z 知识目标

1. 能正确描述丰田轿车空调的组成和各部件功用;
2. 能正确描述丰田轿车电动车窗的组成和各部件功用;
3. 熟知丰田轿车空调和电动车窗的工作原理。

N能力目标

1. 掌握丰田轿车空调和电动车窗电路的分析方法;
2. 会检测丰田轿车空调和电动车窗各部件性能;
3. 会诊断和排除丰田轿车空调和电动车窗常见故障。

S 素质目标

1、提高安全与防护意识;
2、增强车间5S意识和能力;
3、培养合作、交流、沟通能力。

任务一 丰田轿车空调系统的检修

一、设备、工具和材料准备

1. 丰田威驰轿车空调系统;
2. 丰田威驰轿车电动车窗系统;
3. 制冷剂漏气检测器;
4. SST专用工具和常用拆装工具;
5. 常用电路检测仪器;
6. 歧管气压计。

二、丰田威驰轿车空调系统的电路分析

威驰轿车空调系统为手动控制式,电路如图5-1所示。控制电流经蓄电池电源→100A ALT熔断丝→50A AM1熔断丝→点火开关IGl闭合→10A仪表熔断丝→暖风继电器线圈→LO挡→搭铁(右侧减振块),此时,暖风继电器开关接通。

(一)工作控制如下

压缩机工作控制:闭合A/C开关,A/C放大器接收到A/C开关信号,端子号为A10-8的为信号输入端,控制A/C电磁离合器继电器线圈接地,接通A/C电磁离合器电路,促使压缩机

投入制冷工作。制冷系统工作时，空调放大器通过管路压力开关信号控制压缩机的正常工作。当管路压力过高或过低时，A/C 放大器通过高/低压力开关的开关信号切断电磁继电器线圈的连接，停止电磁离合器的工作以保护压缩机不被损坏。A10－2 为压力信号控制端。

鼓风机工作控制：鼓风机有四个分速挡，分别为 LO 挡、HI 挡、M1 挡和 M2 挡。各挡的不同风速控制通过鼓风机电阻器实现。

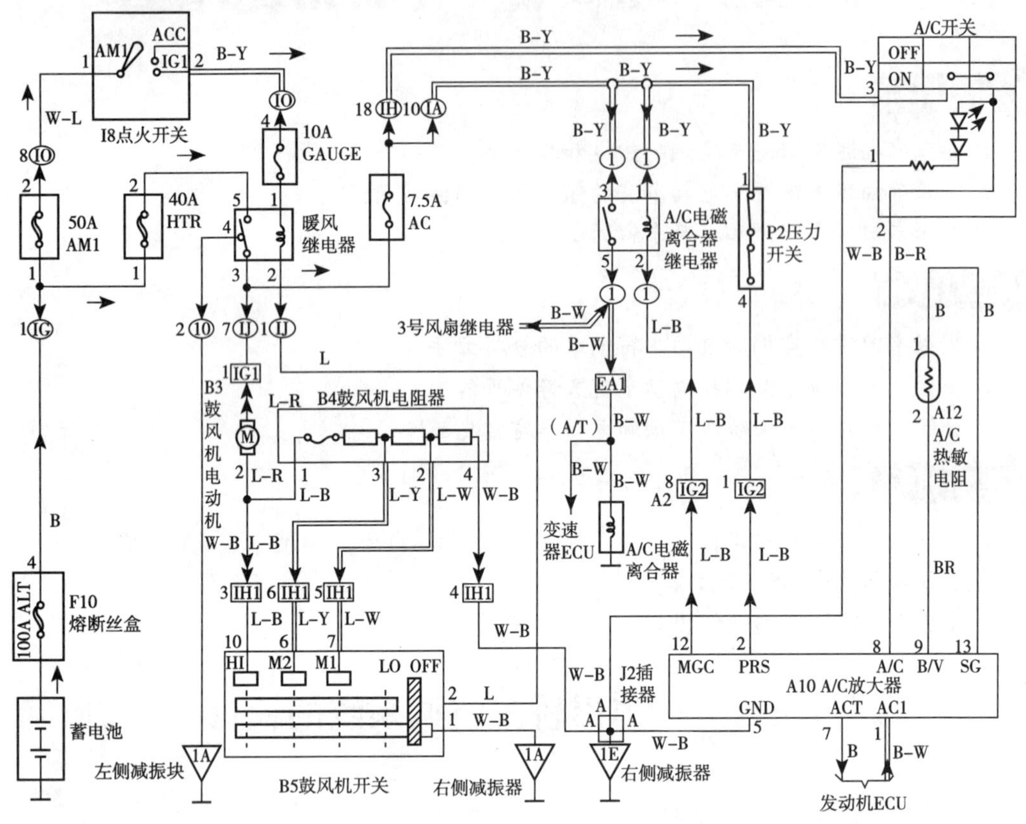

图 5-1　威驰轿车空调系统电路图

(二)各挡位工作如下

LO 挡：将鼓风机开关转到 LO 挡位，工作电流由蓄电池电源→100A ALT 熔断丝→40A HTR→暖风继电器开关→鼓风机电动机→鼓风机电阻器端子 1→鼓风机电阻器端子 4(电阻值最大)→J2 插接器→搭铁。鼓风机低速运转。

M1 挡：将鼓风机开关转到 M1 挡时，M1 触点与移动触点接通，工作电流由蓄电池电源→100A ALT 熔断丝→40A HTR→暖风继电器开关→鼓风机电动机→鼓风机电阻器端子 1→鼓风机电阻器端子 2→Ml 触点→移动触点→搭铁。鼓风机以一般速度运转。

M2 挡：将鼓风机开关转到 M2 挡时，M2 触点与移动触点接通，工作电流由蓄电池电源→100A ALT 熔断丝→40A HTR→暖风继电器开关→鼓风机电动机→鼓风机电阻器端子 1→鼓风机电阻器端子 3→M2 触点→移动触点→搭铁。鼓风机以较高速度运转。

HI 挡：将鼓风机开关转至 HI 挡时，HI 触点与移动触点接通，此时，电动机不通过鼓风机电阻器接地。工作电流由蓄电池电源→100A ALT 熔断丝→40A HTR→暖风继电器开关→鼓风机电动机→HI 触点→移动触点→搭铁。鼓风机以高速度运转。

三、丰田威驰轿车空调系统主要零件的检测

(一)检查1号压力开关

A/C 放大器通过压力开关的通断信号,感知空调管路压力,以使空调压缩机在适当的压力下工作,同时,根据管内压力的变化,控制冷却风扇的工作,保证系统良好的散热效果。

(1)电磁离合器控制:检查压力开关的工作。

①安装歧管仪表。

②连接欧姆表正表笔到端子4,负表笔到端子1。

③如图5-2所示,检查制冷剂压力变化时各端子的导通性。

如工作不符合规范,更换压力开关。

(2)冷却风扇控制:检查压力开关的工作。

①连接欧姆表的正表笔到端子2,负表笔到端子3。

②如图5-3所示,检查制冷剂压力变化时各端子的导通性。

如工作不符合规范,更换压力开关。

1
2
3
4
低压侧
高压侧
ON（导通）
196kPa
3
140kPa
OFF（不导通）
OFF（不导通）

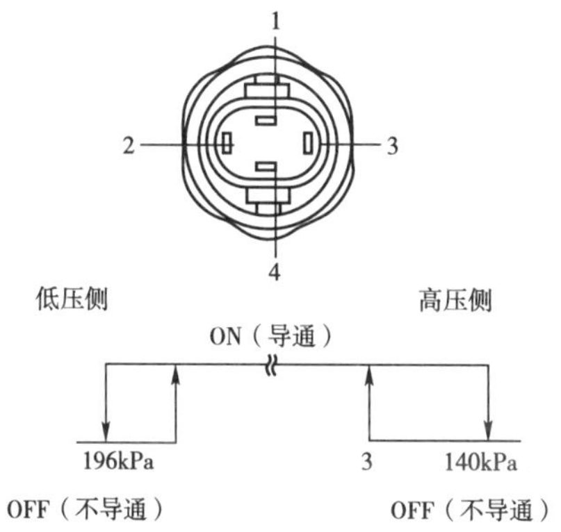

图5-2　检查压力开关的工作

1
2
3
4
1226kPa
OFF
OFF
3140kPa

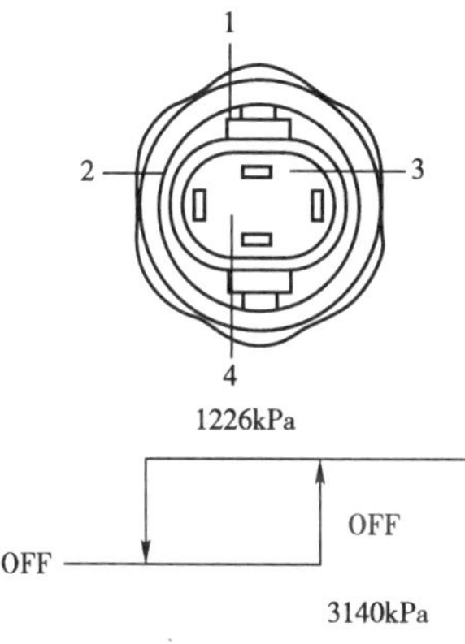

图5-3　检查压力开关的工作

(二)检测空调放大器电路

(1)断开空调放大器的插接器,检测线束侧,如图5-4所示。

若电路不符合规范,则更换新的空调放大器。若电路符合规范,则检测电路与其他部分的连接。

(2)连接端子到放大器,从后侧检测线束侧的端子,如图5-5所示。

若电路不符合规范,则更换新的空调放大器。若电路符合规范,则检测电路与其他部分的连接。

线束侧
1
2
3
4
5
6
7
8
9
10
11
12
13
14

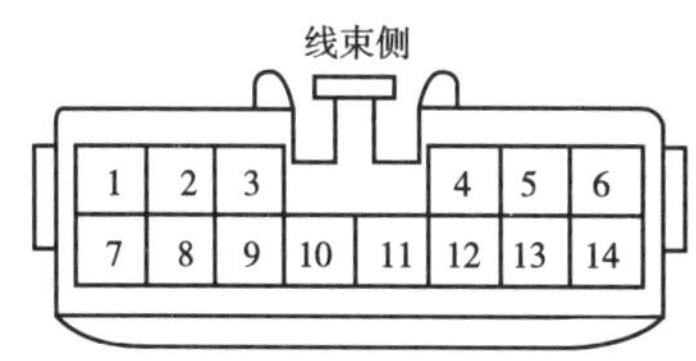

图5-4　检测线束侧空调放大器插接器

从后侧
6
5
4
3
2
1
14
13
12
11
10
9
8
7

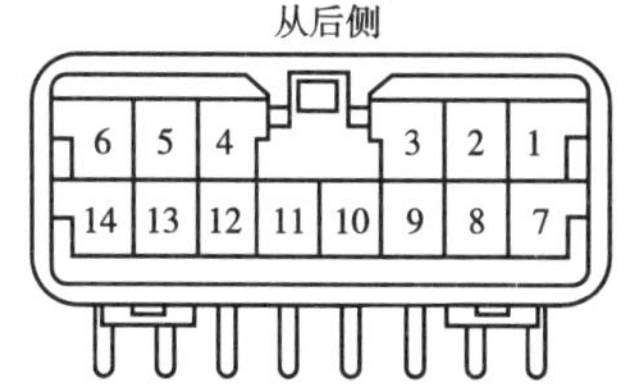

图5-5　从后侧检测线束侧的端子

(三)检查有电磁离合器的空调压缩机总成

(1)连接蓄电池正极引线到端子,负极引线到壳体。

(2)检测通电时电磁离合器的工作情况。若工作不符合规定,则更换电磁阀离合器总成。

(四)检查空调热敏电阻

检测各个温度下1、2端子之间的空调热敏电阻的阻值,如图5-6所示。

电阻值与温度的关系如图5-7所示。

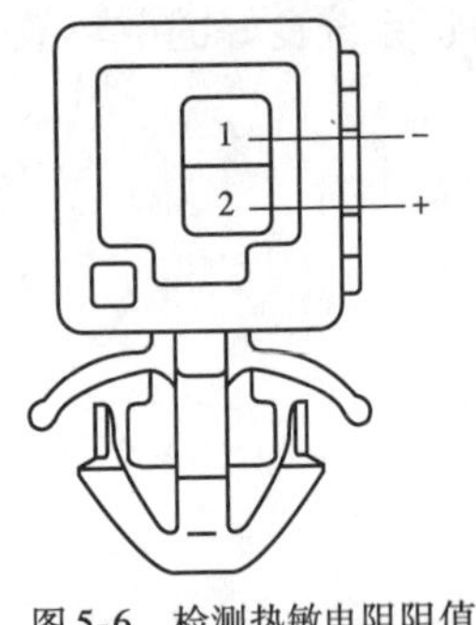

图5-6 检测热敏电阻阻值

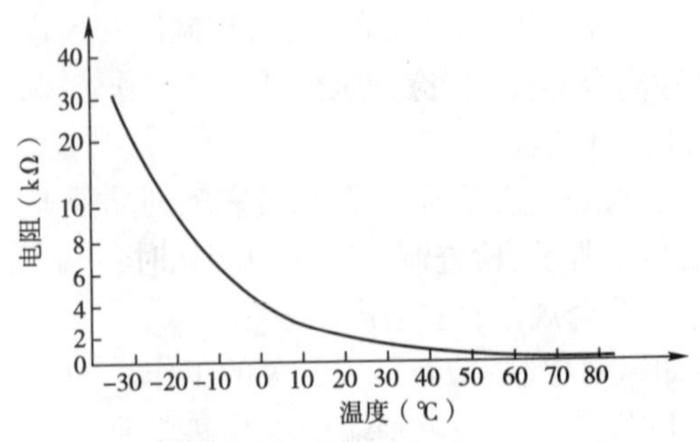

图5-7 电阻值与温度的关系

(五)检查集成控制面板总成

(1)检测鼓风机开关导通性,如表5-1所示。若导通性不符合规定,更换集成控制面板总成。

鼓风机开关导通性检测 表5-1

测试端子位置	检测条件	端子连接	规定状态
5 4 3 2 1 10 9 8 7 6	OFF	—	不导通
	LO	1-2	导通
	M1	1-2-7	导通
	M2	1-2-6	导通
	HI	1-2-10	导通

(2)检测照明动作。连接蓄电池的正极引线到端子1,负极引线到端子4,再检测照明灯亮否。若灯泡不亮,则更换灯泡。

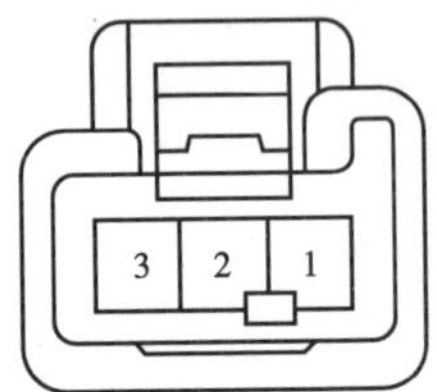

图5-8 空调开关导通性检测

(3)检测空调开关导通性,如图5-8所示。检测当开关压下时,端子2和端子3连接,规定状态为导通。若导通性不符合规定,则更换空调开关。

(4)检测指示灯工作。连接蓄电池的正极引线到端子2,负极引线到端子1,检测指示灯亮否。若导通性不符合规定,则更换集成控制面板总成。

(六)检查鼓风机电阻

测量各端子间的电阻,检测端子及规定值如表5-2所示。若电阻不符合规定,则更换鼓风机电阻。

鼓风机电阻检测 表5-2

测试端子位置	端子连接	规定值(kΩ)
2 1 4 3	1-2	0.363~0.417
	2-3	1.386~1.594
	1-4	2.595~2.985

(七)检查有风扇电动机总成的鼓风机

连接蓄电池的正极引线到端子 2,负极引线到端子 1,检测电动机工作平顺性,如图 5-9 所示。若工作不良,则更换有风扇电动机的鼓风机。

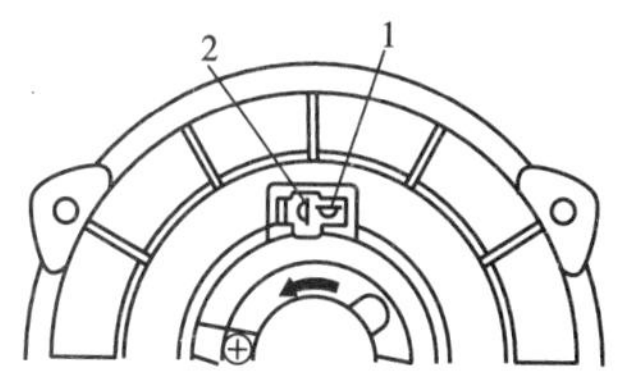

图 5-9 鼓风机电动机检测

(八)检查加热器鼓风机电动机继电器总成

检测继电器导通性,如表 5-3 所示。若导通性不符合规定,则更换加热器鼓风机电动机继电器。

鼓风机电动机继电器检测　　表 5-3

测试端子位置	检测条件	端子连接	规定状态
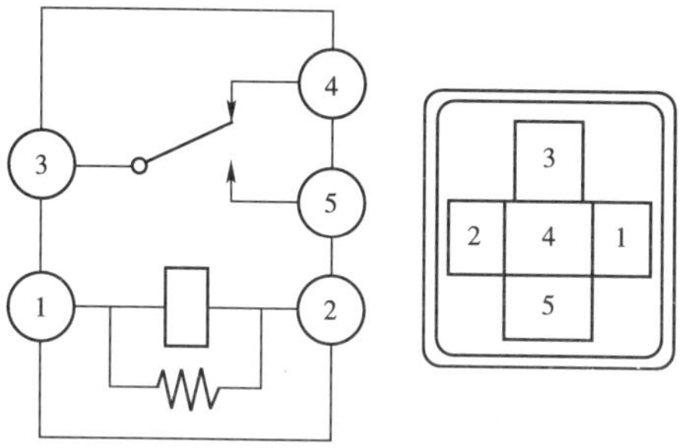	恒定	1－2 3－4	导通
	在端子 1、2 之间施加蓄电池电压	3－4	导通

(九)检查电磁离合器总成

(1)连接蓄电池的正极引线到导线端子,负极引线到壳体。

(2)检测电磁离合器的工作情况。如工作情况不符合规定,则更换电磁离合器总成。

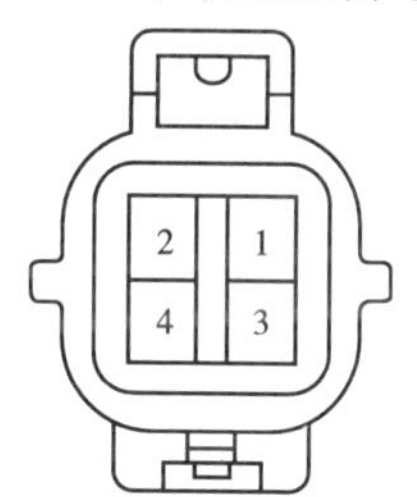

图 5-10 空调压缩机端子

(十)检查空调压缩机总成

测量端子 2、4 之间的电阻,如图 5-10 所示。标准电阻:165 ~ 205Ω(20℃时)。

若电阻不符合规定,则更换空调压缩机总成。

(十一)检查电磁离合器继电器

检测继电器的导通性,如表 5-4 所示。若导通性不符合规定,则更换电磁离合器继电器。

电磁离合器继电器检测　　表 5-4

测试端子位置	检测条件	端子连接	规定状态
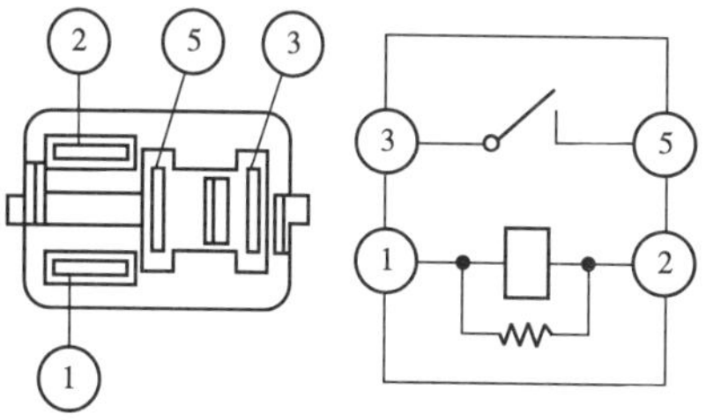	恒定	1－2	导通
	在端子 1、2 之间施加蓄电池电压	3－5	导通

四、丰田威驰轿车空调系统的常见故障及排除

常见故障及排除如表 5-5 所示。

空调系统常见故障及排除表 表 5-5

故障现象	可能的故障原因
鼓风机不工作	(1)GAUGE 熔断丝; (2)HTR 熔断丝; (3)加热器鼓风机继电器; (4)集成控制面板总成(鼓风机开关); (5)鼓风机电阻; (6)线束; (7)鼓风机/风扇电动机
空气温度不能控制	(1)发动机冷却液量; (2)空调控制总成
压缩机不工作	(1)制冷剂量; (2)A/C 熔断丝; (3)电磁离合器继电器; (4)1 号压力开关; (5)电磁离合器总成; (6)空调压缩机总成; (7)集成控制面板总成(空调开关); (8)空调 1 号热敏电阻; (9)空调放大器; (10)线束
制冷不足	(1)制冷剂量; (2)制冷剂压力; (3)驱动皮带; (4)空调 1 号热敏电阻; (5)集成控制面板总成(空调开关); (6)电磁离合器总成 (7)空调压缩机总成; (8)冷凝器; (9)储液罐; (10)膨胀阀; (11)蒸发器; (12)制冷剂管路; (13)1 号压力开关; (14)空调放大器; (15)空调控制总成; (16)线束

故障现象	可能的故障原因
空调开关 ON(接通)时发动机无怠速	(1)空调放大器; (2)怠速控制系统; (3)线束; (4)ECU
无模式控制	空调控制总成
无空气输入控制	空调控制总成
无冷凝器风扇运作(低速状况)	(1)ECU - IG 熔丝; (2)RDI 熔丝; (3)1 号风扇继电器; (4)冷却风扇电动机; (5)线束
无冷凝器风扇运作(高速状况)	(1)CDS 熔; (2)3 号风扇继电器; (3)空调冷凝器风扇电动机; (4)2 号风扇继电器; (5)冷却风扇电动机

五、丰田威驰轿车空调制冷剂的检查和添加

（一）检查制冷剂的加注数量

（1）发动机转速为1500r/min。

（2）送风机速度控制开关处于“高”位，空调开关“开”，温度选择器为“最凉”，如图5-11所示。

（3）完全打开所有车门，如图5-12所示。

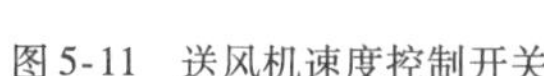

图5-11　送风机速度控制开关

图5-12　打开车门

（4）通过观察孔中制冷剂的流量检查制冷剂量，如图5-13所示。

①正常：几乎没有气泡，这说明制冷剂量正常。

②不足：有连续的气泡，这说明制冷剂量不足。

③空或过量：看不到气泡，这说明制冷剂储藏罐是空的或制冷剂过量，如图5-14所示。

图5-13　制冷剂观察孔

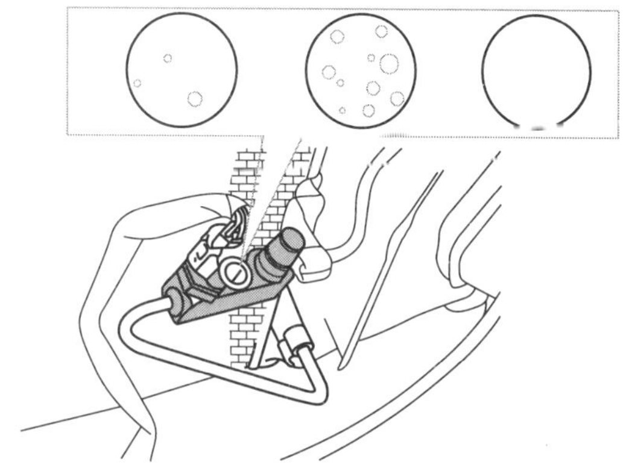

图5-14　制冷剂量的观测情况

（二）用歧管气压计检查制冷剂的压力

1. 连接歧管气压计

（1）完全关闭歧管气压计低压侧和高压侧的阀门，如图5-15所示。

（2）把加注软管的一端和歧管气压计相连，另一端和车辆侧的维修阀门相连，如图5-16所示。

连接时，用手而不要用任何工具紧固加注软管，由于低压侧和高压侧的连接尺寸不同，连接软管时不要装反。如果加注软管的连接密封件损坏，应更换。

图 5-15 关闭歧管气压计低压侧和高压侧的阀门

图 5-16 连接加注软管

①蓝色软管接低压侧,如图 5-17 所示。

②红色软管接高压侧,如图 5-18 所示。

图 5-17 蓝色软管的连接

图 5-18 红色软管的连接

2. 用歧管气压计检查压力

起动发动机,在空调运行时检查歧管气压计所显示的压力规定压力读数,低压侧:0.15 ~ 0.25MPa($1.5 \sim 2.5\text{kgf/cm}^2$,21 ~ 36psi),高压侧:1.37 ~ 1.57MPa($14 \sim 16\text{kgf/cm}^2$,199 ~ 228psi)。

(三)检查制冷剂的泄漏

1. 实施检查时,发动机停止转动

2. 用制冷剂漏气检测器检测漏气

把漏气检测器置于管道连接部位、空调排放软管和空调送风机开口等处,轻微振动管道,用闪光灯和蜂鸣器检查制冷剂的泄漏,越靠近泄漏区域,闪光和蜂鸣的间隔越短,提高灵敏度将能检测到轻微的泄漏,如图 5-19、图 5-20 所示。

图 5-19 空调排放软管漏气检测

图 5-20 空调送风口漏气检测

（四）添加制冷剂

1. 安装加注罐

由于制冷剂是高度压缩的气体，加注制冷剂时需要特别注意。注意：拆卸和安装加注罐或软管时，不要靠近脸部，要戴护目用具，如果制冷剂进入眼睛，将导致失明；不要把加注罐的底部对着人，底部有一个在紧急情况下放气的装置；不要直接加热加注罐或放到热水中，这将造成破裂。空调制冷剂，如图 5-21 所示。

2. 连接阀门和加注罐（图 5-22）

（1）检查加注罐连接部件的盘根，逆时针转动手柄升起针阀，逆时针转动阀盘升起阀盘。

（2）把阀门旋进加注罐直到和盘根紧密接触，然后紧固阀盘以卡住阀门。

图 5-21　空调制冷剂

图 5-22　连接阀门和加注罐

3. 把加注罐安装到歧管气压计上（图 5-23）

4. 从高压侧加注（图 5-24）

（1）发动机不工作时，打开高压侧阀门加入制冷剂直到低压侧表到大约 0.98MPa（$1kg/cm^2$，14psi）；

（2）加注后，关闭阀门。

图 5-23　安装加注罐

图 5-24　高压侧加注制冷剂

任务二　丰田轿车电动车窗的检修

一、丰田威驰轿车电动车窗电路分析

丰田威驰轿车电动车窗控制系统电路，如图 5-25 所示。

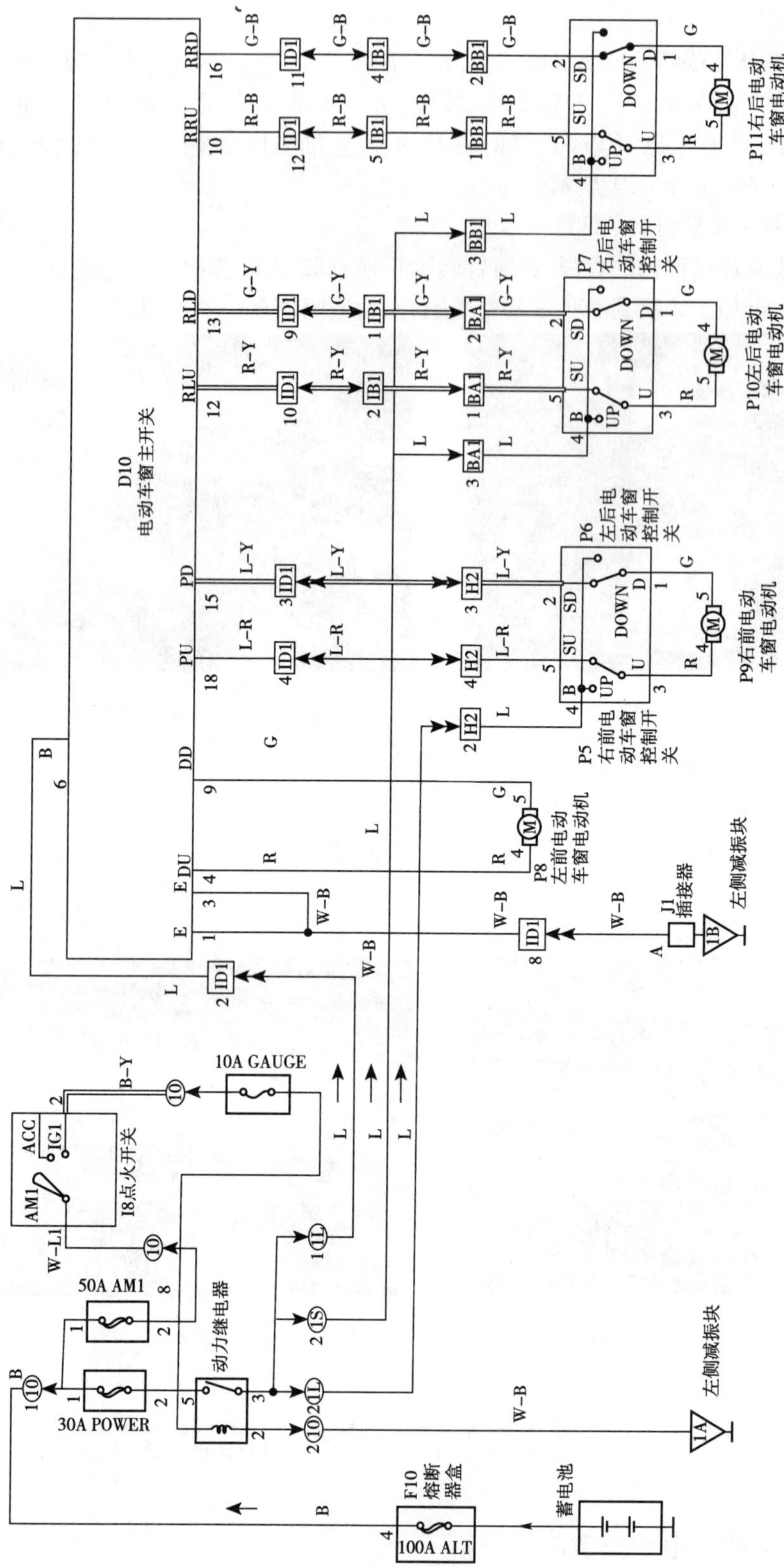

图5-25　丰田威驰轿车电动车窗控制系统电路图

当点火开关处于“IG1”时,动力继电器已接通电源至D10电动车窗主开关,电源至车窗控制开关的电源电路。根据车窗控制开关的动作,电动车窗主开关相应地接通电动机至搭铁的电路,控制电动机正确运转。

电动车窗主开关由驾驶员控制,它能控制四个车窗的动作。电动车窗的电路分析如下(以右前电动车窗为例)。

当车窗未上锁,右前电动车窗控制开关“UP”(上)时,电动车窗主开关端子1-3-15接通,车窗控制开关端子3-4接通,1-2接通。

电流流向:蓄电池电压→动力继电器→车窗控制开关端子4→车窗控制开关端子3→车窗电动机→车窗控制开关端子1→车窗控制开关端子2→电动车窗主开关端子15。然后经电动车窗主开关端子1接地。电动机正转,车窗上升。反之,电动机极性相反,电动机反转,车窗下降。当车窗上锁时,车窗不能上下运动。其他车窗的电路分析可依上述分析。

二、丰田威驰轿车电动车窗主要电气元件的检修

(一)检查基本功能

检查基本功能(手动操作功能),接通点火开关“ON”。电动车窗系统电路如图5-26所示。

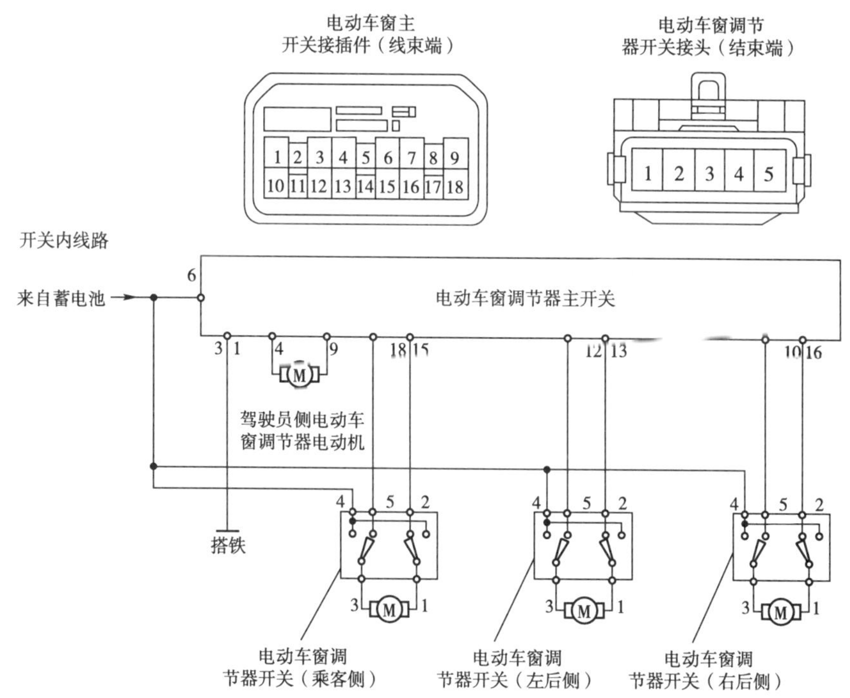

图5-26 威驰轿车电动车窗系统电路图

(1)检查当调节器主开关总成的每个车窗开关按“UP”(上升)时,侧窗玻璃向上运动;中途当调节器主开关总成中每个车窗开关按“DOWN”(下降)时,侧窗玻璃向下运动。

(2)检查当每个调节器开关总成车窗开关按“UP”(上升)时,侧窗玻璃向上运动;中途当调节器开关总成车窗开关按“DOWN”(下降)时,侧窗玻璃向下运动。

(3)检查当车窗门锁锁上时,除驾驶员侧窗玻璃外其他的侧窗玻璃均不能运动。

(二)检查自动操作功能(只有驾驶员侧玻璃),**接通点火开火"ON"**

(1)检查自动下降功能的运作,检查调节器主开关总成中的每个开关完全按"DOWN"(下降)时,每块侧窗玻璃充分打开。

(2)检查自动下降功能的运作,检查调节器开关总成中的开关完全按"DOWN"(下降)时,所有侧窗玻璃充分打开。

(3)当开关由自动下降切换到向上时,检查侧窗玻璃停止,但是,如果开关保持在向上位置,它将改变为手动操作。

(三)检测电动车窗调节器主开关总成

1. 检测主开关导通性(图 5-27)

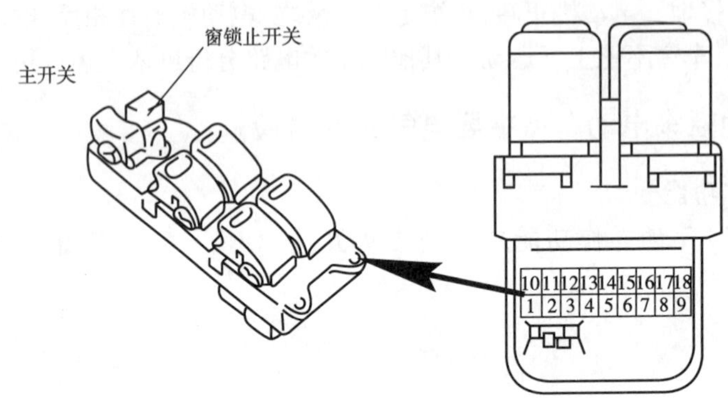

图 5-27 检测主开关导通性

(1)驾驶员侧车窗开关,标准状况如表 5-6 所示。

驾驶员侧车窗开关标准状况表 表 5-6

开关位置	端　子	规定状态	开关位置	端　子	规定状态
UP	4-6-7	导通	DOWN	1-3-4	导通
	1-3-9			6-7-9	
OFF	1-3-4	导通	AUTO	1-3-4	导通
	1-3-9			6-7-9	

(2)前乘员侧车窗开关(车窗未锁),标准状况如表 5-7 所示。

前乘员侧车窗开关(车窗未锁)标准状况表 表 5-7

开关位置	端　子	规定状态	开关位置	端　子	规定状态
UP	1-3-15	导通	DOWN	1-3-18	导通
	6-7-18			6-7-15	
OFF	1-3-15	导通			
	1-3-18				

(3)前乘员侧车窗开关(车窗上锁),标准状况如表 5-8 所示。

前乘员侧车窗开关(车窗上锁)标准状况表 表 5-8

开关位置	端　子	规定状态	开关位置	端　子	规定状态
UP	6-7-18	导通	DOWN	6-7-15	导通
OFF	15-18	导通			

(4)左、后侧车窗开关(车窗未锁),标准状况如表5-9所示。

左、后侧车窗开关(车窗未锁)标准状况表 表5-9

开关位置	端子	规定状态	开关位置	端子	规定状态
UP	1-3-13	导通	DOWN	1-3-12	导通
	6-7-12			6-7-13	
OFF	1-3-13	导通			
	1-3-12				

(5)左、后侧车窗开关(车窗上锁),标准状况如表5-10所示。

左、后侧车窗开关(车窗上锁)标准状况表 表5-10

开关位置	端子	规定状态	开关位置	端子	规定状态
UP	6-7-12	导通	DOWN	6-7-13	导通
OFF	12-13	导通			

(6)右、后侧车窗开关(车窗未锁),标准状况如表5-11所示。

右、后侧车窗开关(车窗未锁)标准状况表 表5-11

开关位置	端子	规定状态	开关位置	端子	规定状态
UP	6-7-10	导通	DOWN	1-3-10	导通
	1-3-16			6-7-16	
OFF	1-3-10	导通			
	1-3-16				

(7)右、后侧车窗开关(车窗上锁),标准状况如表5-12所示。

右、后侧车窗开关(车窗上锁)标准状况表 表5-12

开关位置	端子	规定状态	开关位置	端子	规定状态
UP	6-7-10	导通	DOWN	6-7-16	导通
OFF	10-16	导通			

2. 检测主开关照明(图5-28、表5-13)

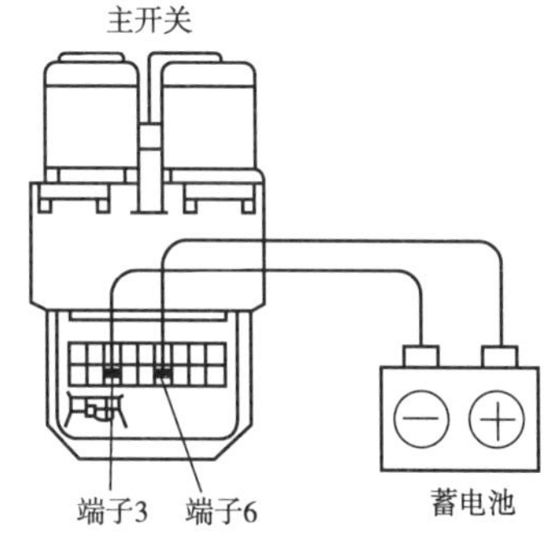

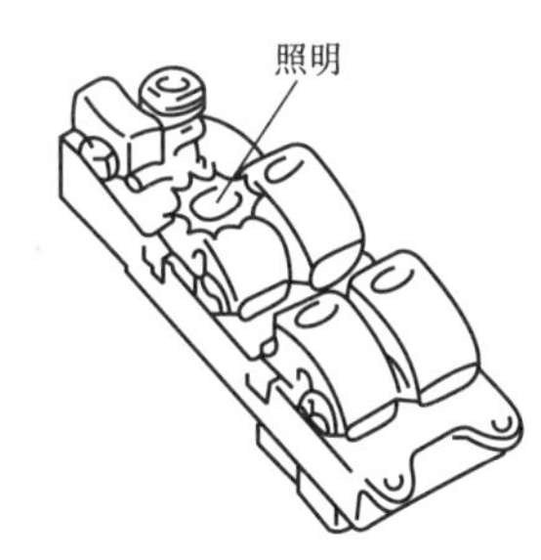

图5-28 检测主开关照明

主开关照明规定状况表 表5-13

测量情况	规定状态	测量情况	规定状态
蓄电池正极-端子6	开关照明灯亮	蓄电池负极-端子3	开关照明灯亮

(四)检测电动车窗调节器开关总成

所有的调节器开关都应采用图 5-29 所示的方法进行导通性检测。检测标准如表 5-14 所示。

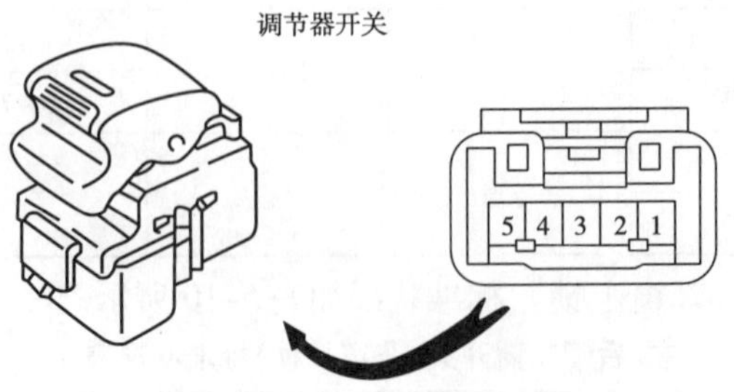

图 5-29　检测调节器开关总成

调节器开关总成规定状况表　　表 5-14

开关位置	端　子	规定状态	开关位置	端　子	规定状态
UP	1-2	导通	DOWN	1-4	导通
	3-4			3-5	
OFF	1-2	导通			
	3-5				

(五)检测电动车窗调节器电动机

(1)检测调节器电动机的运转,如图 5-30 所示。

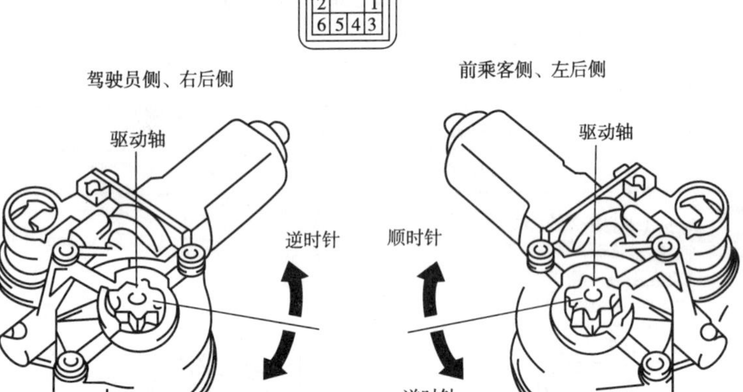

图 5-30　检测调节器电动机的运转

(2)检测调节器电动机内的 PTC 工作情况。此工作需在电动车窗调节器和门玻璃安装在车上进行。

①将直流 400A 的万用表笔接到端子 4 或 5 的线束上,让万用表的表笔和电流方向一致。

②完全关上窗玻璃。

③让主开关切至 UP(上升)位置,当车窗完全合上 60s,检查电流经过多少时间由 16 ~ 34A 降到 1A。标准为 4 ~ 90s。

④检测电流切断 60s 后,当主开关或调节器开关切至 DOWN(下降),检测玻璃向下。若不符合规定,则更换电动机。

(六)检测继电器

(1)从仪表板总成接线盒上拆下电动车窗继电器。

(2)检测导通性,如表5-15所示。若不符合规定,则更换继电器。

继电器检测 表5-15

继电器端子位置	检测状态	端子	规定情况
	常态	1-2	导通
	端子1和2接蓄电池正极	3-5	导通

任务三 丰田轿车车身舒适系统典型案例分析

案例1 丰田花冠开空调后风扇电机无法工作

一辆行驶里程约148000km,装配了1ZZ-FE发动机的丰田花冠轿车。

车主反映:当打开空调A/C,并把温度调到最冷,当空调泵工作时,散热器风扇电机无法正常工作。

接车后检查:正常花冠轿车,打开空调A/C,当空调泵工作时,散热器风扇电机应转动对冷凝器进行冷却。首先,对空调管的压力进行检查,接上空调压力表查看压力,低压侧:0.15~0.25MPa,高压侧:1.37~1.57MPa,正常。当高压侧超过1.5MPa时,风扇电机能进行短时的转动,直至高压侧压力低于1.5MPa,此时发动机的水温还没有达到让风扇电机工作的温度(说明一下,此车的散热器风扇电机只有一个),而刚才让风扇电机工作的最有可能是由空调压力开关工作引起的,于是查看花冠散热器风扇和冷凝器风扇线路图,如图5-31所示。

对照线路图发现,打开空调A/C时,对风扇电机两根线进行测量,火线是有电压的,而接地线一直处于断路状态。而该接地线是由2号风扇继电器、空调压力开关、空调放大器、发动机ECU和风扇电阻器互相之间切换完成的。当高压侧压力超过1.5MPa时,接地线能导通,风扇电机能正常工作,说明空调压力开关与2号风扇继电器有问题可能性不大。从线路图上看,空调放大器只是接收散热器风扇电机从低速切换高速信号,发动机ECU和空调压力开关都是控制风扇电机低速切换高速的,此时风扇电机低速都没有,所以可能性最大的是风扇电阻器。

于是查看风扇电阻器,发现没有安装风扇电阻器,只留个插头在那里。找到该车的维修班组,询问电阻器情况,原来此车出过事故,电阻器已经撞坏。于是,借用别的花冠事故车的散热器风扇电阻器进行测试,结果散热器风扇电机工作正常,故障排除。

案例2 威驰轿车空调不制冷

故障现象:威驰轿车空调不制冷。

故障检查与分析：检查空调管路里无制冷剂。再检查发现空调冷凝器干燥管右下角处出现漏液现象。仔细检查，发现是空调管路与冷凝器连接处发生了泄漏。拆下与冷凝器连接的空调管，检查空调管上O形圈的密封状态，O形圈表面完好无划伤、破损及扭曲等。检查冷凝器，发现在空调冷凝器的螺纹内侧处有杂质。分析是杂质影响了O形圈的密封，经过使用一段时间后，出现泄漏。

故障排除：清除杂质，更换O形圈，抽空充氟后，制冷效果正常。

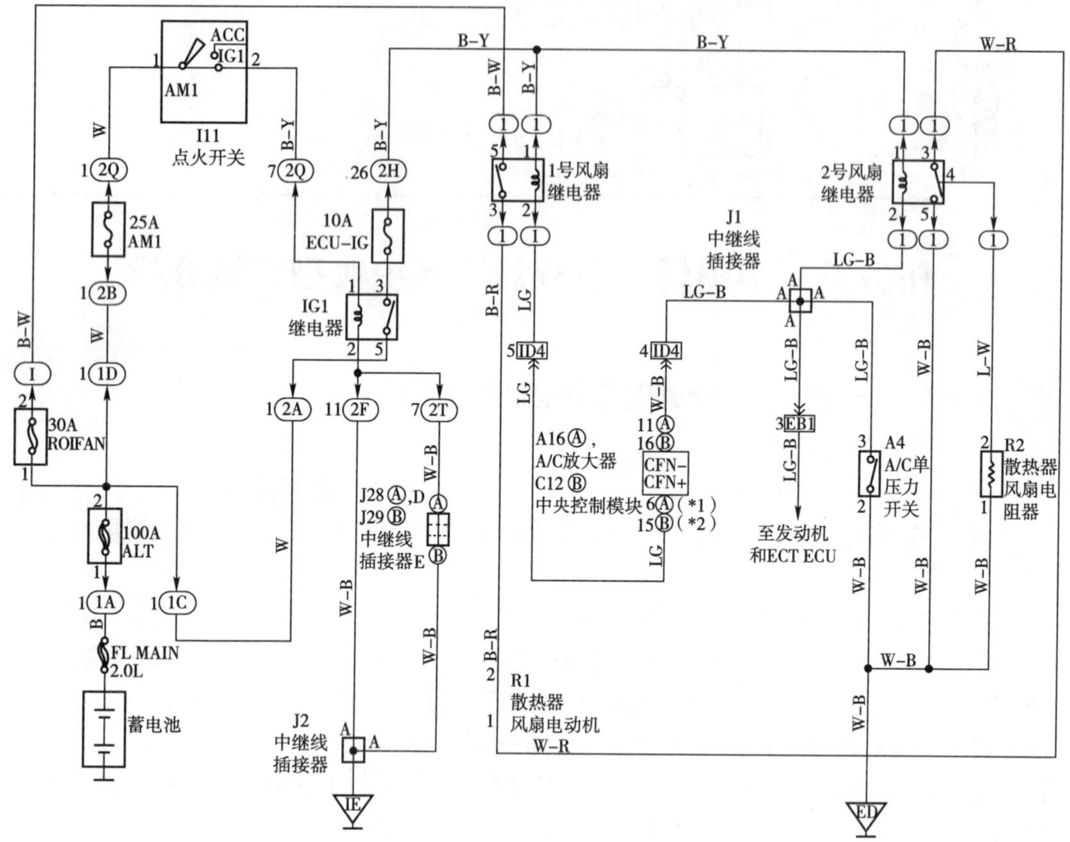

图5-31　丰田花冠散热器和冷凝器风扇电路图

案例3　花冠轿车空调不制冷

故障现象：花冠轿车空调不制冷。

故障检查与分析：检查发现空调压缩机不工作，拆下离合器继电器后，将其输入端及输出端短接后压缩机正常工作，故判断为离合器继电器失效。

故障排除：更换新离合器继电器，故障排除。

案例4　丰田皇冠轿车电动车窗无法升降

故障现象：一辆丰田皇冠(CROWN)5M轿车，所有车窗玻璃升降器在按下开关时均不能升降。

故障分析与排除:丰田皇冠(CROWN)5M 轿车的电动车窗玻璃升降器出现上述的故障,首先应检查在驾驶员车门一侧的车窗玻璃升降器主开关的锁定开关是否置于 OFF 位置。经检查,锁定开关已处于 OFF 位置(即闭合状态)。再检查由蓄电池火线通过的 7.5A 熔断丝(该熔断丝盒在转向盘右下方离合器左侧)。结果 7.5A 熔断丝完好。

接着检查安装在手套箱里侧的车窗玻璃升降总继电器,发现该继电器不工作。用万用表直流电压挡测量该继电器线圈两接柱。结果工作电压正常,故怀疑继电器损坏。拆除线圈接线,用万用表电阻挡测线圈电阻,结果电阻值为 0,由此断定该继电器线圈断路。正是此原因,使总继电器触点不能闭合,从而产生所有车窗玻璃升降器不能升降的故障。因为所有车窗玻璃升降器电机控制系统的电源(蓄电池)电流,流经 7.5A 熔断丝、总继电器后,至电动车窗总开关,再受锁定开关控制。

换上新的总继电器,所有升降器工作恢复正常,故障被排除。

 案例 5 丰田雷克萨斯(凌志)LS400 轿车电动车窗不能自动升降

故障现象:驾驶员侧电动车窗不能自动升降。

诊断与排除:因为其他各车窗可以自由升降,所以可以判断自动车窗的熔断丝,继电器完好,故障可能出在控制开关或车内线束及电机。1994 款雷克萨斯(凌志)LS400 轿车电动车窗电路原理图,如图 5-32 所示。

以驾驶员侧主开关为例,其工作过程如下:当按动下降开关时,触点 a 和触点 e 接通,电流经端子 9 流向触点 a 和触点 e,经过端子 10 到电机的绕组,在电机绕组的另一端流向端子 4,经触点 f 和 c 到端子 8 形成回路,使电机转动,玻璃下降。

按动上升开关时电流的流向为端子 9→触点 d→触点 f→端子 4→电机绕组→端子 10→触点 e→触点 b→端子 8,形成回路,电机反向转动,玻璃上升。

拆下主开关,打开点火开关,将主开关线束的端子 8 与端子 10 相连,端子 9 与端子 4 相连,此时可见车窗升起。将端子 8 与端子 4 相连,端子 9 与端子 10 相连,车窗下降,这说明车窗内电机及内线束完好,故障就在开关内部。

将主开关分解,可以看见驾驶员侧开关按钮的触点已严重烧蚀,接触面受损。用细砂纸打磨后装复试验,车窗虽然可以正常使用,但由于驾驶员侧车窗开关使用频繁,这样处理恐怕不能维持多久,而更换一个主开关费用要上千元,所以驾驶员建议修理一下或用其他开关代替。考虑到触点的磨损程度,修理已不可能,若用其他开关代替,则一来接线复杂,二来外加开关不美观,所以在原有线路的基础上做了如下改进,如图 5-33 所示。让原来的开关去控制两个继电器,由继电器的触点开关电流来控制电机,这样使得通过开关触点的电流大大减小,减轻了触点的负荷,避免了触点再度严重烧损,延长开关的使用寿命。这样通过对开关触点负荷的调整,整个控制系统的功能并没有受任何不良影响。

经验总结:开关触点损坏是电动车窗的常见故障,在检修过程中用欧姆表测量开关端子之间的导通情况时,往往会出现测量显示端子之间可以导通,而按动开关却不能升降的情况,大多是开关触点间接触不良所致。此时不妨用导线跨接线束插头,做进一步检查,以确定故障部位。如跨接后可以升降,则为开关故障;如仍不能升降,则应检查电机及相关电路。

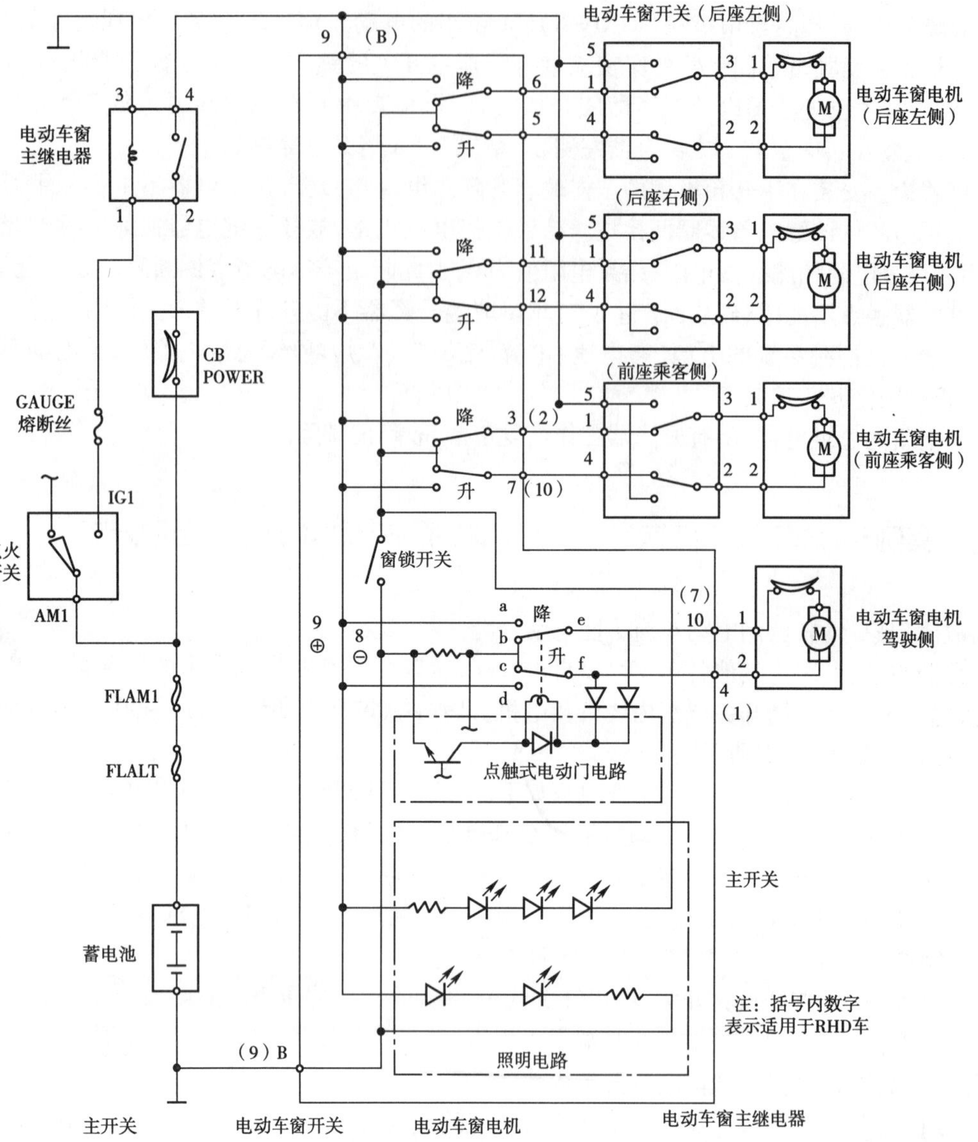

图5-32　雷克萨斯（凌志）LS400轿车电动车窗电路图

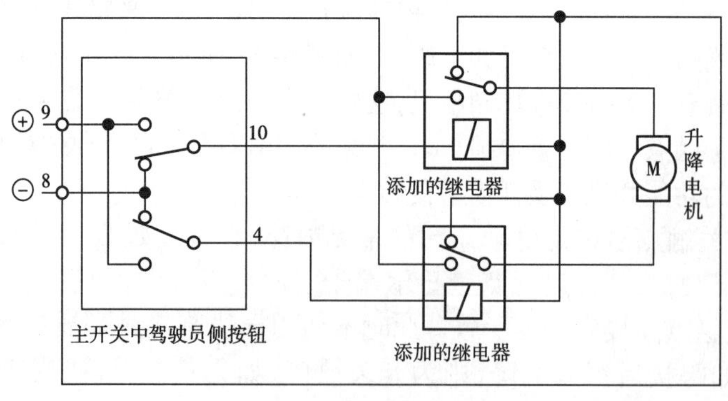

图5-33　雷克萨斯（凌志）LS400轿车电动车窗改动后电路图

案例6 皇冠2.0轿车电动车窗玻璃下降正常，上升速度极慢

故障现象：扳动前排乘客侧电动车窗玻璃下降开关时，车窗玻璃能下降，而扳动上升开关时，车窗玻璃上升速度极慢，其他各车窗玻璃升降均正常。

行驶里程：110000km。

诊断与排除：根据上述故障现象，初步判定故障出在前排乘客侧电动车窗升降器系统。

经检查，机械方面无异常现象，所以应重点检查升降开关触点有无接触不良情况。如果开关触点接触不良，会影响电机的正常工作电流，使其旋转无力，甚至不旋转。

检查前排乘客侧电动车窗玻璃升降器控制开关完全正常，因而怀疑该电机内部有故障。

拆检电机，发现电枢整流子烧蚀，电刷磨损严重。由于整流子与电刷接触不良，使电机电流减小，造成电机运转无力。当车窗玻璃下降时电机负荷轻再加上自身重力，玻璃下降正常；当车窗玻璃上升时电机负荷重，电机旋转无力，从而造成车窗玻璃上升速度慢。

用砂布打磨电枢整流器。因无同型号电刷，所以利用其他日本产的发电机电刷，按照车窗电机电刷的尺寸规格研磨、加工、然后焊接。

装复后，再扳动升降开关，车窗玻璃升降恢复正常，故障排除。

案例7 丰田大霸王多用途车总控制开关只能使车玻璃上升，而不能使之下降

故障现象：使用驾驶员一侧的电动车窗玻璃升降总控制开关只能控制左前车门电动车窗玻璃向上升起，而不能放下，同时不能控制右前车门电动车窗玻璃的上升及下降动作。如果使用右前（乘客一侧）车门上的电动车窗玻璃升降控制开关，只能控制右前车门电动车窗玻璃的下降动作，而不能控制右前车门电动车窗玻璃的上升动作。

诊断与排除：丰田大霸王多用途车的左、右两侧电动车窗玻璃的升降动作可以由左前座一侧（驾驶员一侧）车门上的电动车窗玻璃升降总控制开关集中控制，右前车门电动车窗玻璃的升降动作也可由右前车门上的控制开关单独控制。丰田大霸王多用途车电动车窗控制电路，如图5-33所示。

在汽车的左右两个车门中，只要有任何一个车门的电动车窗玻璃可以用电动车窗玻璃升降系统中的总控制开关或者是用右前车门上的控制开关进行控制，就说明汽车的电动车窗玻璃升降控制系统中总的供电电源电路正常。

从上面电动车窗玻璃升降控制系统中的故障现象中可以看出，两个车门上的电动车窗玻璃升降器中的电动机都是完好的，因此出现故障的部位必然是电动车窗升降总控制开关或右侧电动车窗玻璃升降控制开关及连接导线。

检查过程如下：

（1）先拆除汽车左右两个车门上的内装饰板，取下电动车窗玻璃升降总控制开关及右前车门上的电动玻璃升降控制开关，取下玻璃升降器电动机的线束插头，直接用12V电源驱动车窗玻璃升降器的电动机。

①用12V电源的正极接电动车窗玻璃升降器电动机接线端子，如图5-34中的2号端子，负极接1号端子，这时两个车门上的车窗玻璃都可以升起，让车窗玻璃完全升起之后，插上电

动车窗升降总控制开关，右前车门电动车窗玻璃升降器控制开关及两个车窗玻璃升降器电动机的线束插头。当使用电动车窗玻璃升降器总控制开关控制两个车窗玻璃的控制开关控制右前车窗玻璃的升降动作时，右前车窗玻璃可放下，但放下以后就不能再升起。

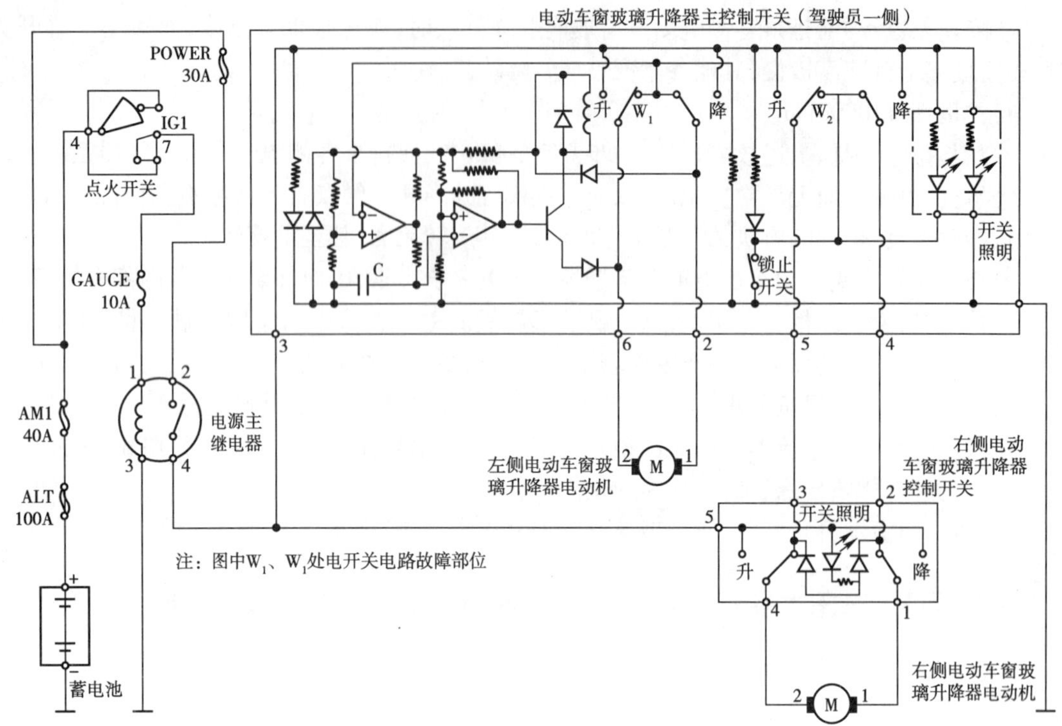

图 5-34　丰田大霸王多用途车电动车窗电路图

②取下左前车门玻璃升降器电动机的线束插头，直接用 12V 电源的正极接左前车窗玻璃升降器电动机接线端子中的 1 号端子，负极接 2 号端子，这时左前车窗玻璃可以放下，车窗玻璃放下以后重新插上升降器电动机的线束插头。检查发现，如果使用电动车窗升降器总控制开关控制车窗玻璃的升降动作时，可以控制左前车门的电动车窗玻璃的上升动作，而不能控制右前车门的电动车窗玻璃的上升动作。如果使用右前车门的电动车窗玻璃升降控制开关则不能控制右前玻璃的升降动作。

经过以上检查和试验，证实电动车窗玻璃升降系统中的故障现象都是真实的。

(2)取下电动车窗玻璃升降器总控制开关的线束插头。

①用导线的一端插入电动车窗玻璃升降器主控制开关线束插头中的 4 号，另一端可靠搭铁（或接电池的负极），然后把右前门电动车窗玻璃升降控制开关拨向“UP”（上升）位置，这时右前车窗玻璃可以上升。

主控制开关接线端子和线束插头，如图 5-35 所示。右前车门电动车窗玻璃升降控制开关接线端子和线束插头，如图 5-36 所示。

②用导线的一端插入电动车窗玻璃升降器总控制开关线束插头中的 5 号端子中，另一端可靠搭铁（或接电池的负极），然后把右前车门电动车窗玻璃升降器控制开关拨向“DOWN”（下降）位置，这时右前车窗玻璃可以下降。

经过以上两项检查和试验，说明右前车门电动车窗玻璃升降器控制开关及连接导线都是正常的，那么故障就一定是出在电动机车窗升降总控制开关上。

③分解电动车窗玻璃升降总控制开关,发现总控制开关电路板中,左前车窗玻璃升降控制开关中的下降(DOWN)闭合触点(见图5-33中的W1处)以及右前车窗玻璃上升(UP)闭合触点(见图5-33中的W2处)严重烧蚀,已不可修复。

④更换新的电动车窗玻璃升降总控制开关后,做车窗升降控制试验,结果一切恢复正常,故障排除。

检修完毕,固定好线束,装好左右两个车门的内装饰板及其他附件。

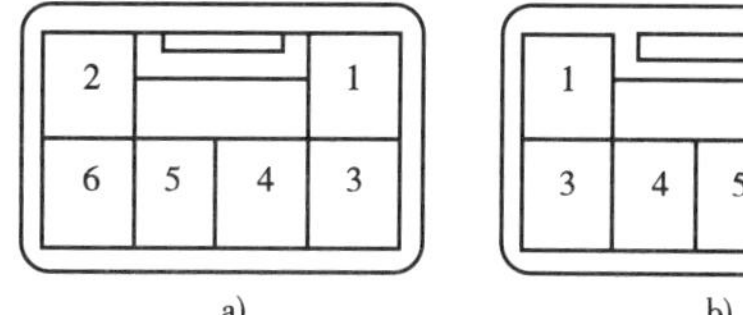

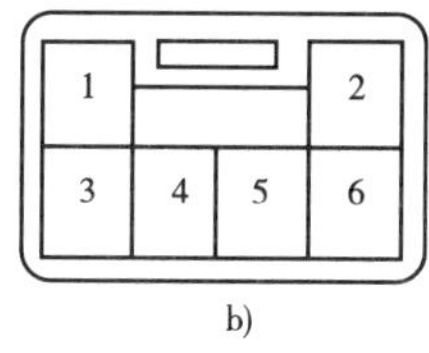

a)　　b)

图5-35　总控制开关接线端子及线束插头

a)接线端子;b)线束插头

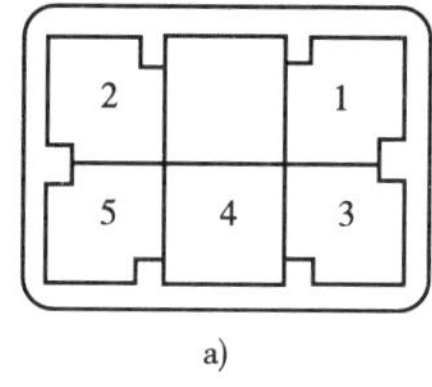

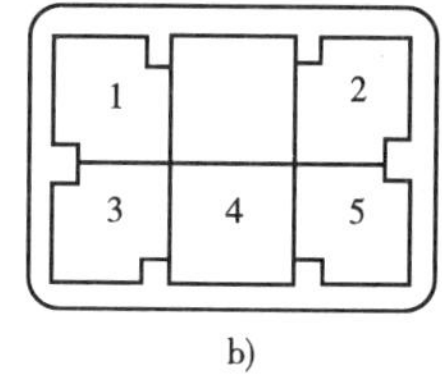

a)　　b)

图5-36　右前车门玻璃升降器控制开关接线端子及线束插头

a)接线端子;b)线束插头

经验总结:该车电动车窗的故障原因是电动车窗玻璃升降总控制开关中的触点严重烧蚀,造成电动车窗玻璃升降控制电路中的搭铁回路断路,从而使电动车窗玻璃升降总控制开关的控制功能失效。

复习思考题

1. 简述空调高压侧充注法。
2. 空调常规的检修项目主要有哪些?
3. 用制冷剂漏气检测器检测漏气时,主要检测哪些部位?
4. 丰田威驰轿车空调常见的故障有哪些? 如何进行诊断?
5. 叙述丰田威驰轿车电动车窗的组成。
6. 丰田威驰轿车电动车窗常见的故障有哪些? 如何进行诊断?

项目六　丰田轿车维护

Z 知识目标

1. 了解整车维护的项目；
2. 了解整车维护的意义；
3. 了解九工位的操作流程。

N 能力目标

1. 能熟练完成九个工位的操作流程；
2. 能熟练进行各个工位要求的拆装作业；
3. 能熟练进行各个工位要求的检测作业；
4. 能熟练进行各个工位要求的更换作业。

S 素质目标

1. 提高自我学习能力；
2. 加强交流沟通能力；
3. 增强团结协作能力；
4. 提高安全操作能力。

任务一　顶起位置1的检查(举升机未举升)

一、预检工作

(一)驾驶员座椅

安装座椅套、转向盘套、换挡杆套、地板垫、拉起发动机舱盖释放柄，如图6-1所示。

(二)车辆前部

打开发动机舱盖、安装翼子板布、前格栅布、车轮挡块，如图6-2所示。

图6-1　车内护具

图6-2 车外护具

(三)发动机舱

用机油标尺检查机油液位,如图6-3所示。

(四)冷却液

检查冷却液液位,如图6-4所示。

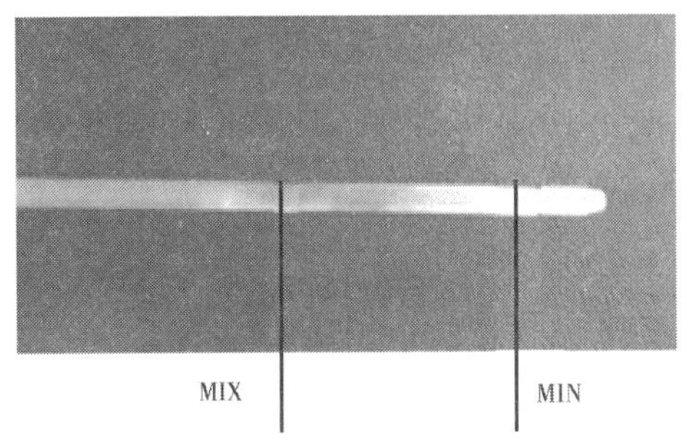

图6-3 机油液面范围

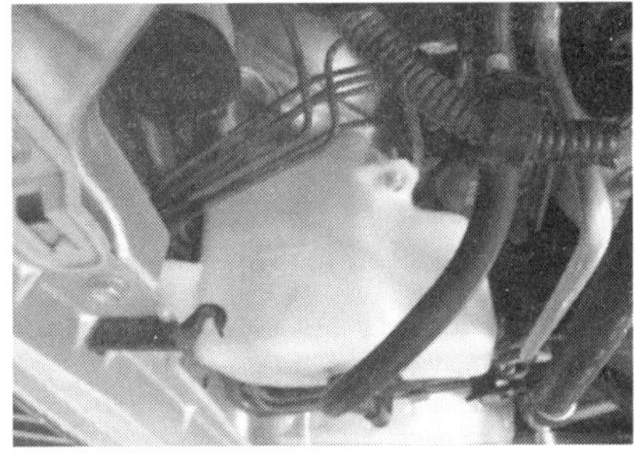

图6-4 冷却液储液罐

(五)制动液

检查制动液液位,如图6-5所示。

(六)玻璃清洗液

检查玻璃清洗液液位,如图6-6所示。

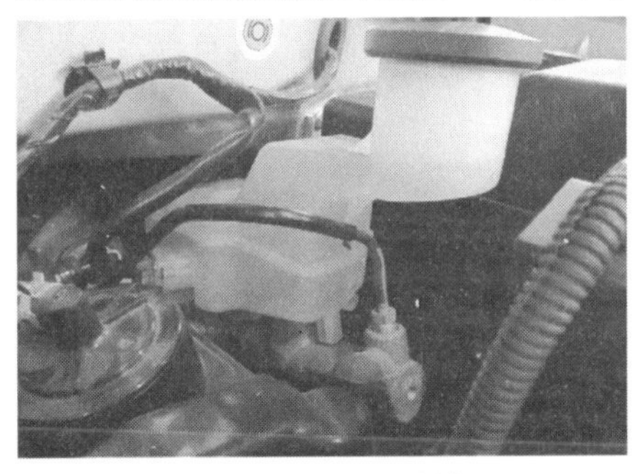

图6-5 制动液储液罐

图6-6 玻璃清洗液标尺

(七)拆卸机油加注口盖(图6-7)

图6-7 拆卸机油加注口盖

二、驾驶员在座椅上的检查工作

(一)点火开关置ON挡位,检查车辆内外部灯光的正常点亮和闪烁

1.将灯光开关置一挡

(1)检查:仪表板灯,如图6-8所示。

(2)检查:示宽灯,如图 6-9 所示。

图 6-8　仪表板灯

图 6-9　示宽灯

(3)检查:牌照灯、尾灯,如图 6-10 所示。

2. 将灯光开关置二挡

(1)检查:前照灯近光,如图 6-11 所示。

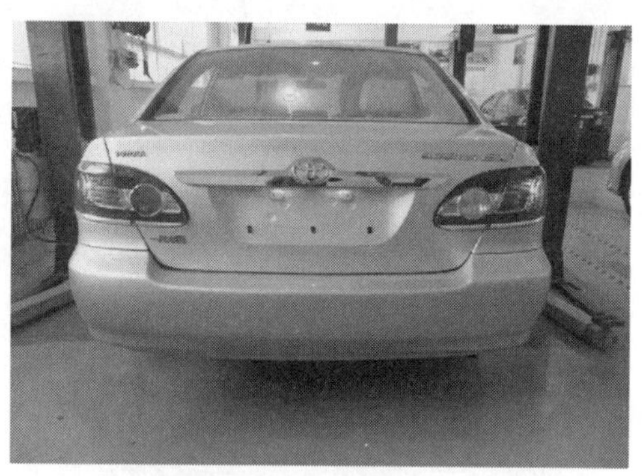

图 6-10　牌照灯、尾灯

图 6-11　前照灯近光

(2)拨动变光器开关检查:前照灯远光、仪表指示灯,如图 6-12 所示。

(3)前后拨动变光器开关检查:前照灯闪光功能、仪表指示灯,如图 6-13 所示。

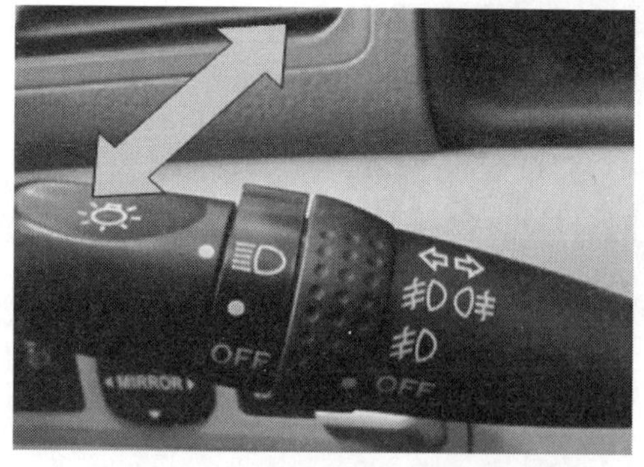

图 6-12　拨动变光器开关检查

图 6-13　前照灯闪光功能

(4)上、下拨动转向信号灯开关检查:左、右转向信号灯和仪表指示灯,如图 6-14 所示。

(5)按下危险警告灯开关检查:危险警告灯和仪表指示灯,如图 6-15 所示。

图 6-14　转向灯仪表指示灯

图 6-15　按下危险警告灯开关

(6)将换挡杆置 R 挡检查:倒车灯,如图 6-16 所示。

(7)将顶灯开关置“ON”位置检查:顶灯的点亮和熄灭,如图 6-17 所示。

图 6-16　将换挡杆置 R 档

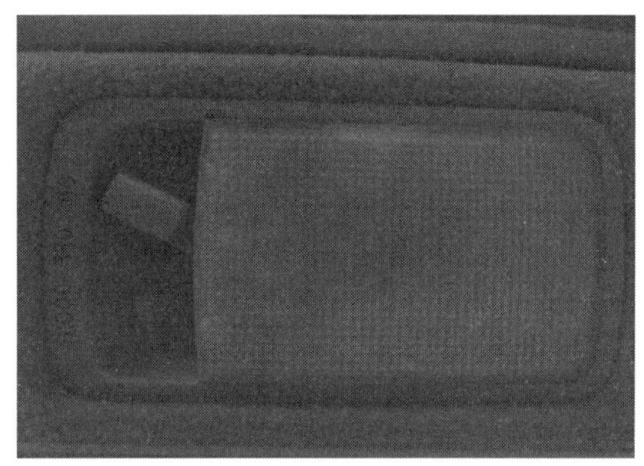

图 6-17　将顶灯开关置“ON”位置检查

(二)检查变光器开关自回位功能

(1)车辆摆放周正,上、下拨变光器开关,检查变光器开关自动回位功能,如图 6-18 所示。

(2)顺时针、逆时针方向转动转向盘约 90°,再将转向盘回正,检查转向灯开关自动复位功能,如图 6-19 所示。

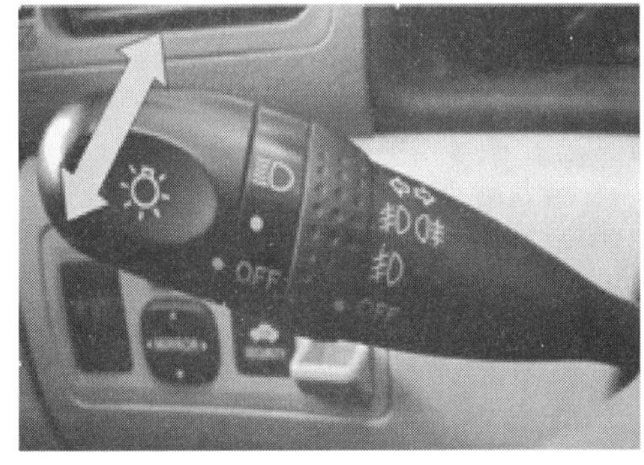

图 6-18　拨动变光器开关

图 6-19　顺时针、逆时针方向转动转向盘约 90°

(三)检查组合仪表警告灯

(1)将点火开关置 ON 挡,检查仪表板所有警告灯的点亮和熄灭,如图 6-20 所示。

(2)起动发动机后,检查仪表板所有警告灯的点亮和熄灭

注意:根据车型的不同警告灯的点亮和熄灭的方式也不同。

(四)检查风窗玻璃喷洗器,如图 6-21 所示。

图 6-20　仪表板警告灯检查

图 6-21　检查风窗玻璃喷洗器

(1)起动发动机。

(2)检查喷洗器喷洒压力。

(3)检查喷洒区域是否在刮水器工作范围内。

(4)检查喷洗器、刮水器联动工作状况。

注意:检查时要起动发动机,可以减少蓄电池电能损耗;如果没有喷洗液喷出,则电动机有可能烧坏。

(五)检查风窗玻璃刮水器(图 6-22)

1. 检查刮水器性能

(1)Lo 慢。

(2)Hi 快。

(3)间歇功能。

(4)去雾功能。

2. 检查刮水器停止位置

关闭刮水器开关后,刮水器应自动回到停止位置。

3. 检查刮水状况

刮水后,观察驾驶室主、副驾驶风窗玻璃应无刮水痕迹并保持清洁。

注意:在检查刮水器之前应使用喷洗液。

(六)检查喇叭

(1)在转动转向盘的同时,按喇叭按钮,检查喇叭是否发声,如图 6-23 所示。

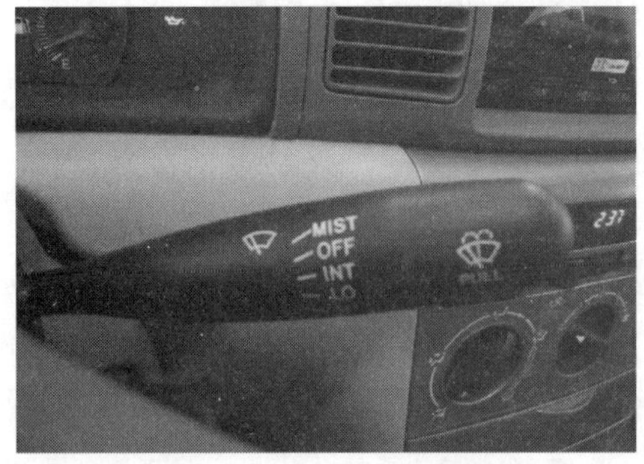

图 6-22　检查风窗玻璃刮水器

图 6-23　检查喇叭

(2)检查喇叭音量和音调是否稳定。

注意:不同车辆喇叭按钮、音量、音调不同。

(七)检查驻车制动器

1. 检查驻车制动杆行程

拉起驻车制动杆时,可以听到"咔嗒"声(一般在6~9响)。

2. 检查仪表板指示灯

如制动杆行程不符合标准,需检查、调整驻车制动片间隙,如图6-24所示。

(八)检查制动器

1. 检查制动踏板

反复踩踏制动踏板确定以下状况,如图6-25所示。

(1)反应灵敏度。

(2)踏板不完全落下。

(3)异常噪声。

(4)过度松旷。

图6-24 仪表板指示灯

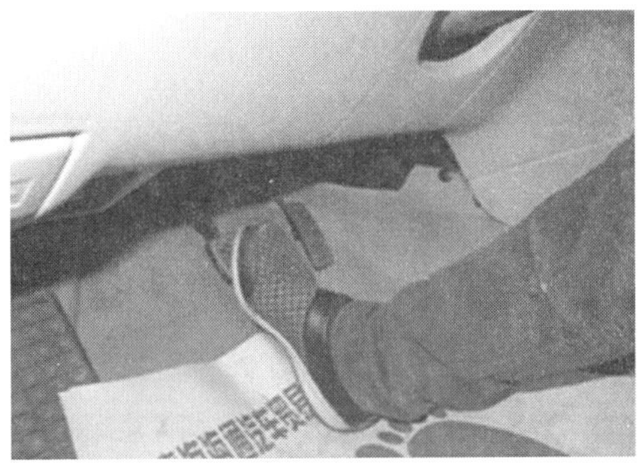

图6-25 反复踩踏制动踏板

2. 检查制动踏板高度

用钢板尺测量制动踏板高度,如图6-26所示。

注意:测量位置为踏板上表面至地板面,不包括地毯厚度;高度不符合标准时,需调整踏板高度。

3. 检查制动踏板自由行程

发动机停机后,踩下制动踏板数次(配备液压制动助力器的车辆,至少要踩下制动踏板40次),以便解除制动助力器。然后用手指轻轻按压制动踏板,并用钢板尺测量自由行程,如图6-27所示。

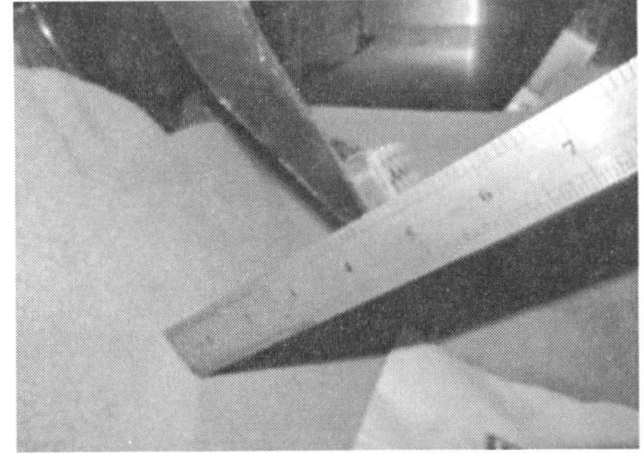

图6-26 检查制动踏板高度

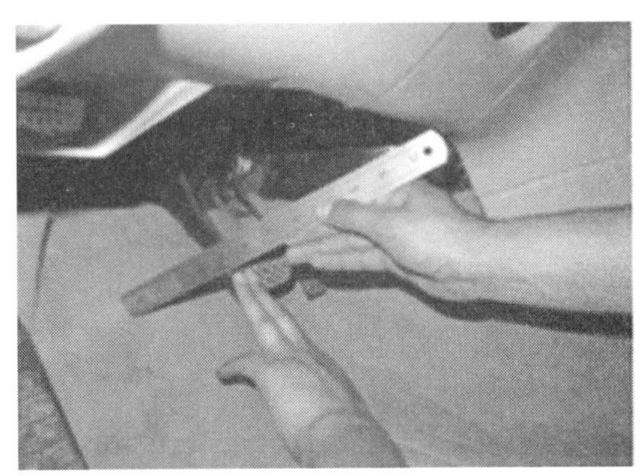

图6-27 检查制动踏板自由行程

注意：

(1)当用手指轻轻按压制动踏板时，踏板的运动在两个阶段发生变化。

第一阶段：U 型夹销和转轴销的松动。

第二阶段：推杆刚好在液压升高之前运动。

第一阶段与第二阶段的总运动即为制动踏板自由行程。

(2)调整制动踏板高度时制动踏板自由行程会自动调整。

4. 检查踏板行程余量

发动机运转和驻车制动器松开时，使用 490N 的力踩下制动踏板，然后用钢板尺车辆踏板的行程余量，如图 6-28 所示。

注意：

(1)踏板行程余量范围参照维修手册。

(2)测量位置为踏板上表面至地板面，不包括地毯厚度。

5. 检查制动助力器

(1)制动助力器工作状态的检查。

①发动机停机。

②踩踏制动踏板数次(配备液压制动助力器的车辆，至少要踩下制动踏板 40 次)。

③要求踏板高度没有变化。

④踏板踩下后，起动发动机。

⑤检查踏板是否继续下沉，如图 6-29 所示。

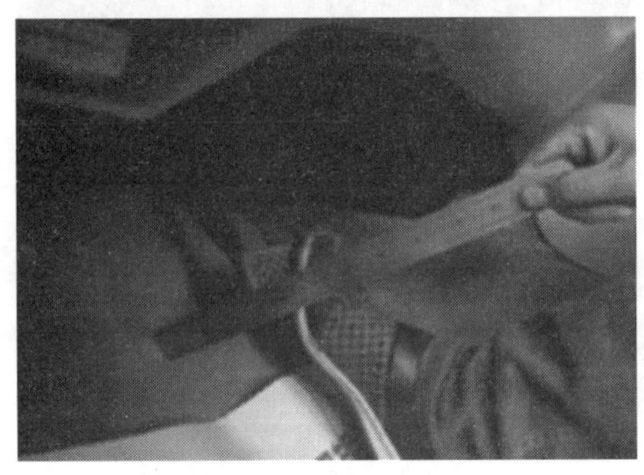

图 6-28　检查踏板行程余量

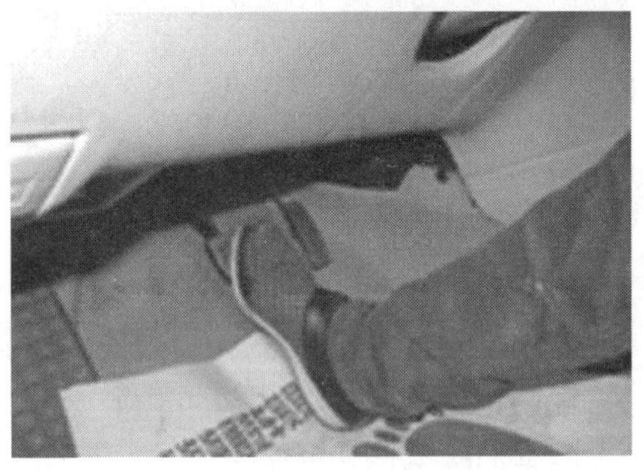

图 6-29　检查制动助力器

(2)制动助力器气密性检查。

①起动发动机。

②让发动机运转 1 ~2min 后停机。

③反复踩压制动踏板，检查制动踏板返回距离是否越来越大。

(3)制动助力器真空检查。

①起动发动机。

②踩下制动踏板保持 30s 后并停机。

③检查踏板高度是否有变化。

(九)检查转向盘

1. 检查转向盘自由行程

使车辆笔直向前，轻轻移动转向盘，在车轮将要开始移动时，用钢板尺测量转向盘的移动量(在配备动力转向系统的车辆上,需起动发动机),如图6-30所示。

2. 检查松动和摆动

双手握住转向盘,轴向地、垂直地或者向两侧移动转向盘,确保其无松动和摆动,如图6-31所示。

图6-30　检查转向盘

图6-31　检查转向盘松动和摆动

3. 转动点火开关置ACC

将点火开关转置ACC挡,确保转向盘不锁定和可自由移动。

4. 外部检查准备

(1)打开行李舱门和加油口盖。

(2)将顶灯开关开置"door",如图6-32所示。

(3)将换挡杆置于空挡,如图6-33所示。

图6-32　行李舱门和加油口盖开关

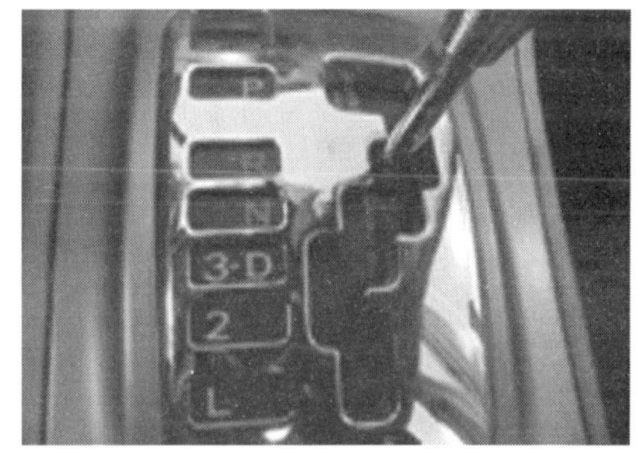

图6-33　换挡杆

(4)释放驻车制动杆,如图6-34所示。

三、驾驶员侧车门处的检查工作

(一)门控灯开关

确保所有车门关闭时顶灯熄灭,仪表板指示灯同时熄灭;当驾驶员侧车门打开时,顶灯点亮,同时仪表板指示灯点亮。如图6-35所示。

注意:配备照明进入系统车辆的顶灯不会立即熄灭,因此需要等待几秒钟,以便检查顶灯工作状况。

(二)检查座椅螺栓螺母是否松动

用手晃动座椅,检查其螺栓螺母是否松动,如图6-36所示。

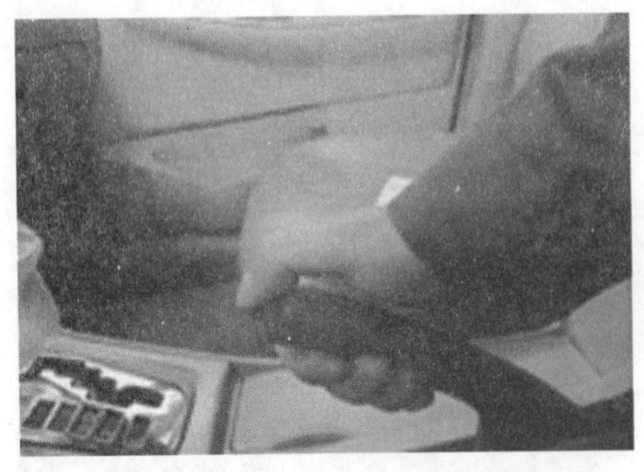

图 6-34 释放驻车制动杆

图 6-35 门控灯指示灯

(三)检查座椅安全带

(1)检查座椅安全带螺栓螺母是否松动:将安全带锁扣锁止后用力拉动安全带,确保其螺栓螺母无松动,如图 6-37 所示。

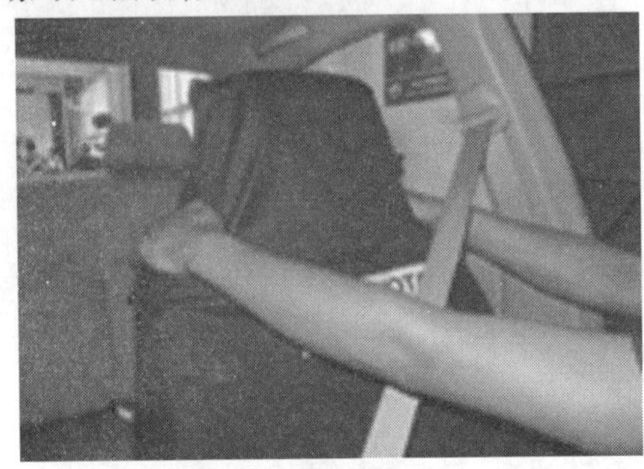

图 6-36 检查座椅

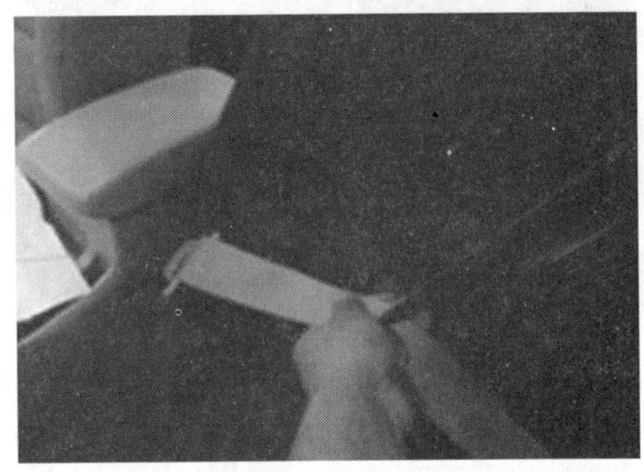

图 6-37 检查安全带

(2)检查座椅安全带自动锁止状况:用力猛拉安全带,确保其立即锁止并不能再拉出,如图 6-38 所示。

(四)检查车门螺栓螺母是否松动

打开车门,用手上下晃动检查车门铰链处螺栓螺母是否松动,如图 6-39 所示。

图 6-38 检查自动锁止状况

图 6-39 检查车门

四、左后侧车门处的检查工作

(一)门控灯开关

确保所有车门关闭时顶灯熄灭,仪表板指示灯同时熄灭;当左后侧车门打开时,顶灯点亮,同时仪表板指示灯点亮。

注意:配备照明进入系统车辆的顶灯不会立即熄灭,因此需要等待几秒钟,以便检查顶灯工作状况。

(二)检查座椅螺栓螺母是否松动

用手晃动座椅,检查其螺栓螺母是否松动。

(三)检查座椅安全带

(1)检查座椅安全带螺栓螺母是否松动:将安全带锁扣锁止后用力拉动安全带,确保其螺栓螺母无松动。

(2)检查座椅安全带自动锁止状况:用力猛拉安全带,确保其立即锁止并不能再拉出。

(四)检查车门螺栓螺母是否松动

打开车门,用手上下晃动检查车门铰链处螺栓螺母是否松动。

五、检查加油口盖

(一)变形或损坏

通过检查确保加油口盖或垫片没有变形或损坏,同时检查真空阀是否锈蚀或粘住,如图6-40所示。

(二)附件情况

通过检查确保加油口盖能被上紧。

(三)力矩限制器工作情况

安装加油口盖,进一步上紧加油口盖,确保加油口盖发出“咔嗒”声,并且可以自由转动。

六、车辆后部的检查

(一)车灯

(1)检查车灯安装状况:用手晃动车灯检查其是否松动。

(2)检查车灯是否有污物或损坏:检查灯罩和反光镜是否褪色或损坏,同时检查灯内是否有污物或进水,如图6-41所示。

图6-40 检查加油口盖

图6-41 检查车灯

(二)备胎

(1)检查裂纹或损坏:检查轮胎胎面和胎壁是否有裂纹、割痕或其他损坏,如图6-42所示。

(2)检查胎面和胎壁有无金属颗粒、石子或其他异物嵌入。

(3)检查胎面沟槽深度:用胎纹深度尺测量胎面沟槽深度,如图 6-43 所示。

图 6-42　检查备胎裂纹或损伤

图 6-43　检查胎面

(4)异常磨损:旋转轮胎,检查轮胎表面有无异常磨损(双肩磨损、中间磨损、薄边磨损、单肩磨损、跟部磨损),如图 6-44 所示。

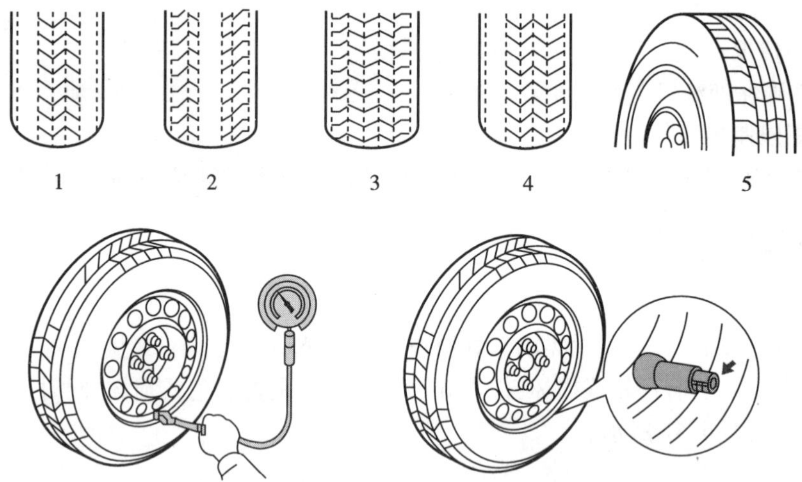

图 6-44　异常磨损

(5)用胎压表测量轮胎气压,如图 6-45 所示。

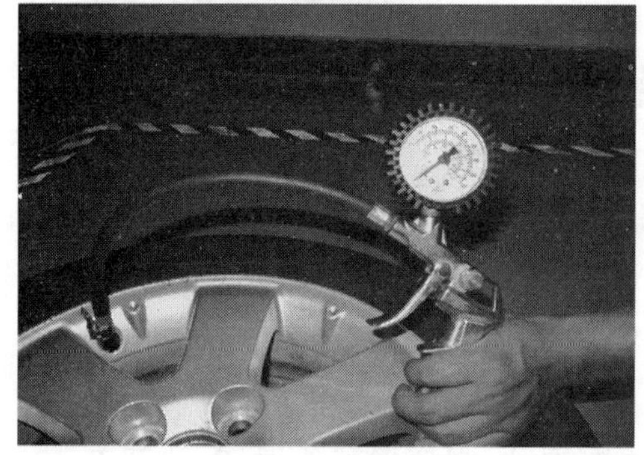

图 6-45　测量胎压

注意:轮胎气压按车辆规定值加压。

(6)检查漏气:检查气压后,用肥皂水检查气门嘴或其他部位是否漏气。

(7)检查轮圈和轮盘损坏:目视检查轮圈和轮盘是否变形、腐蚀。

(三)检查行李舱盖螺栓螺母

用手晃动行李舱盖铰链,检查其螺栓螺母是否松动。

(四)检查悬架

(1)减振器减振力:通过上下晃动车身判断其缓冲力的大小,并检查车身停止晃动需要的时间长短,如图 6-46 所示。

(2)车辆倾斜:目视检查车辆是否倾斜,如图6-47所示。

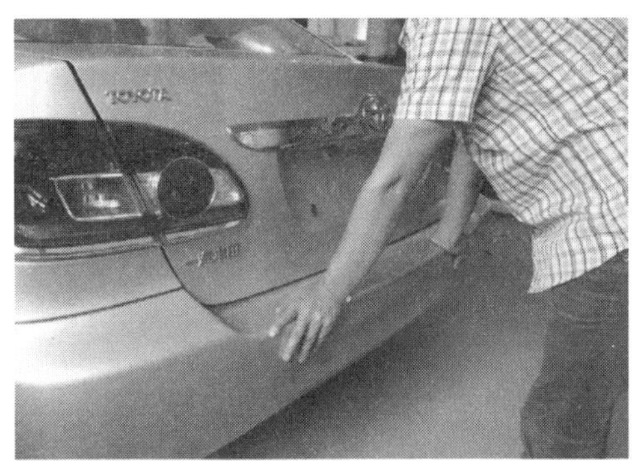

图6-46　检查减振器减振力

图6-47　检查车辆倾斜

任务二　顶起位置2的检查(举升机升至低位)

一、检查球节的上下滑动间隙

踩下制动和踏板后,在球节上施加载荷以便检查其上下滑动间隙。

(1)使用驻车制动器保持制动踏板被踩下,如图6-48所示。

(2)前轮垂直向前,举起车辆并且在一个前轮下放一个高度为180~200mm的木块,如图6-49所示。

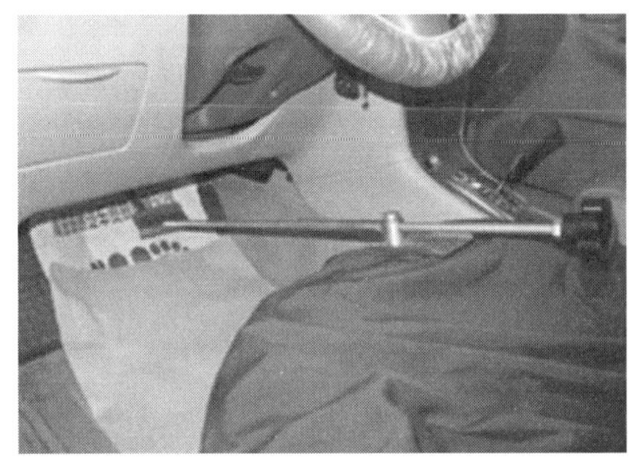

图6-48　保持制动

图6-49　车辆位置

(3)放低举升机直到前螺旋弹簧承载一半的负荷。

(4)再次确认前轮笔直向前。

(5)在下臂的末端使用一个工具检查球节多余的上下滑动间隙,如图6-50所示。

二、检查球节防尘套

检查球节防尘套是否有裂纹、撕裂或者其他损坏,如图6-51所示。

图 6-50　检查球节

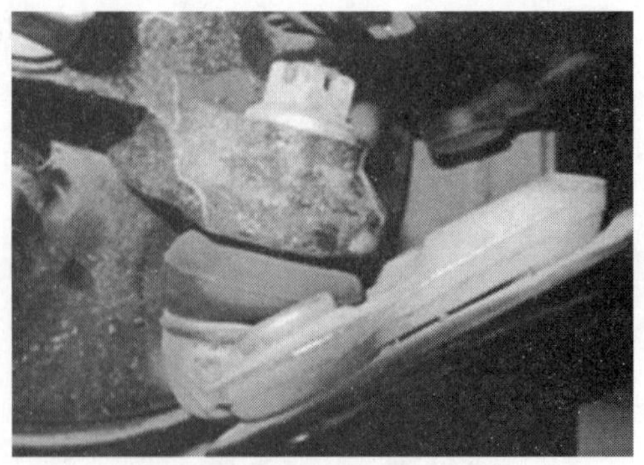

图 6-51　检查球节防尘套

任务三　顶起位置 3 的检查（举升机升至高位）

一、排放发动机机油

（1）检查发动机各表面是否漏油。

（2）检查油封是否漏油。

（3）检查机油排放塞是否漏油，如图 6-52 所示。

（4）排放机油，如图 6-53 所示。

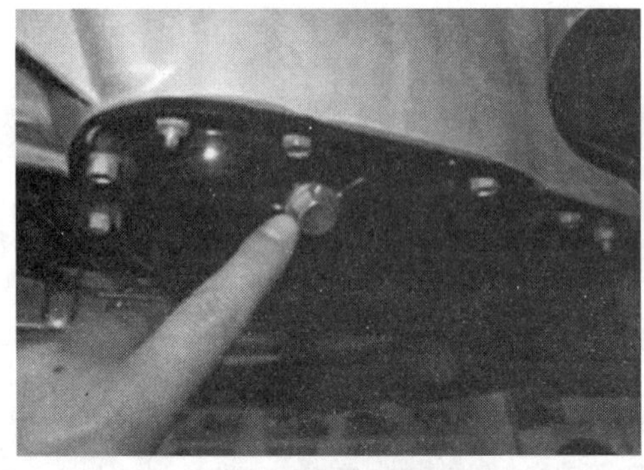

图 6-52　机油排放塞

图 6-53　排放机油

二、手动（自动）传动桥油（液）的检查

（1）检查壳接触面是否漏油。

（2）检查轴和拉索伸出区域是否漏油。

（3）检查油封是否漏油。

（4）检查排放塞是否漏油。

（5）检查油位高度。

①手动传动桥将手指插入加注塞口。

②自动传动桥用机油标尺。

三、检查驱动轴护套

(一)检查裂纹或其他损坏

(1)将方向转向一侧并用手转动轮胎,检查内、外侧驱动轴护套是否有裂纹或其他损坏;

(2)检查卡箍安装状况。

(二)检查油脂渗漏(图6-54)

四、检查转向连接机构

(一)检查松动和摇摆

用手晃动转向连接机构,如图6-55所示。

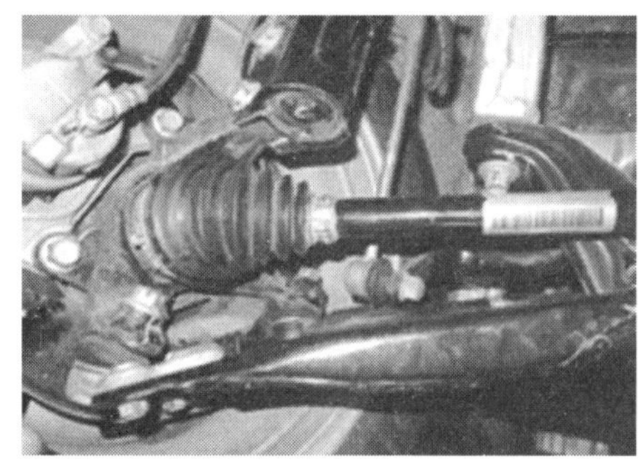

图6-54 检查驱动轴护套油脂渗漏

图6-55 检查转向连接机构

(二)检查弯曲或损坏

目视检查转向连接机构,检查防尘罩是否裂纹或撕破,如图6-56所示。

五、检查制动管路

(一)检查液体渗漏

检查制动管路连接部分是否有液体渗漏。

(二)检查损坏

(1)检查制动软管是否扭曲、磨损、开裂、凸起等。

(2)检查制动管路是否有凹痕或其他损坏。

(三)检查安装状况

检查制动管道和软管确保车辆在运动时或转向盘向任意侧转动时,车轮或车身与制动管路没有接触,如图6-57所示。

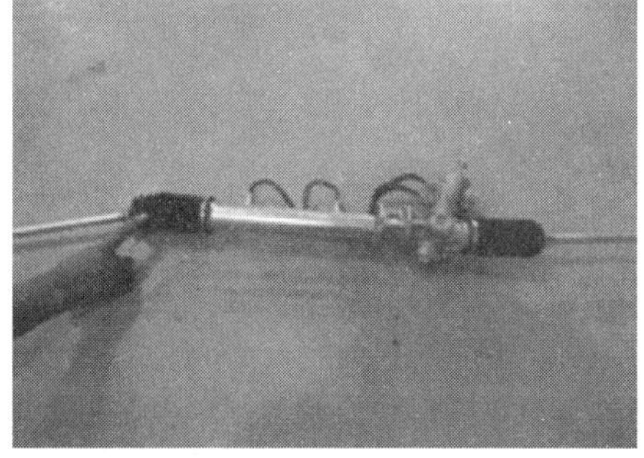

图6-56 检查转向机防尘罩

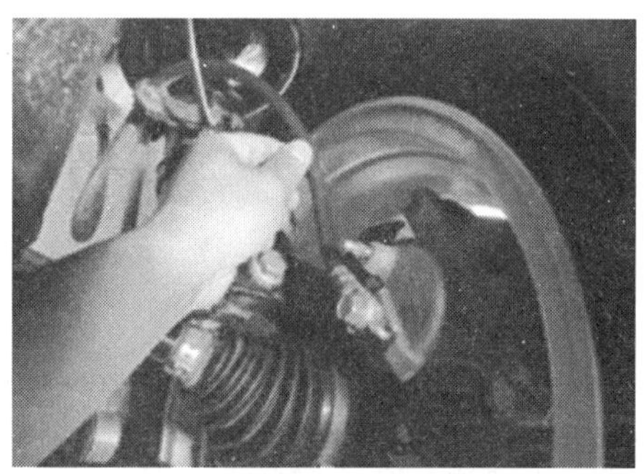

图6-57 检查制动软管

六、检查燃油管路

(1)检查燃油管路是否渗漏。

(2)检查燃油管路是否损坏,如图5-58所示。

七、检查排气管及装置

(1)检查排气管是否损坏,如图6-59所示。

图6-58 燃油管路局部

图6-59 排气管局部

(2)检查消声器是否损坏,如图6-60所示。

(3)检查排气管支架上的O形圈是否损坏或脱落。

(4)检查垫片是否损坏。

(5)检查排气管渗漏。

①目视检查接头周围是否存在炭黑。

②目视检查排气管连接部分是否漏废气,如图6-61所示。

图6-60 消声器局部

图6-61 排气管连接部分

八、检查螺栓螺母(车辆底部,如图6-62所示)

九、检查悬架

(1)检查以下悬架组件是否损坏:转向节、减振器、螺旋弹簧、稳定杆、下臂、托臂和桥梁。

(2)检查减振器是否损坏:减振器上是否有凹痕,防尘罩上是否有裂纹、裂缝或其他损坏。

(3)检查减振器是否漏油。

(4)检查连接是否摆动:用手摇晃悬架接头上的链接,确认衬套是否磨损或有裂纹,并检查是否摆动。

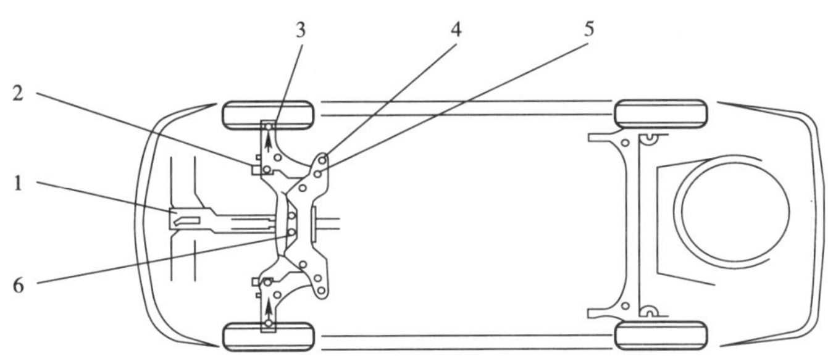

图6-62 车辆底部螺栓螺母

1-中间梁X车身;2-下臂X横梁;3-球节X下臂;4-下臂X横梁;5-横梁X车身;6-中间梁X横梁

十、更换机油滤清器

(1)拆卸机油滤清器。

(2)检查、清洁机油滤清器安装表面。

(3)在新的机油滤清器密封垫上涂抹新的机油。

(4)将机油滤清器安装到位,上紧知道密封垫接触到底座。

(5)用工具再上紧3/4圈,如图6-63所示。

图6-63 拧紧机油滤芯

十一、检查机油排放塞

安装新的垫片和机油排放塞。

任务四 顶起位置4的检查(举升机升至中位)

一、检查车轮轴承

按照左前、左后、右后、右前的顺序检查,如图6-64所示。

图6-64 检查车轮轴承

二、拆卸轮胎

三、检查轮胎(与检查备胎方法相同)

(1)检查轮胎表面是否有裂纹、割痕或其他损坏。

(2)检查胎面是否有金属颗粒或异物嵌入。

(3)检查花纹深度。

(4)检查轮胎异常磨损,如图6-65所示。

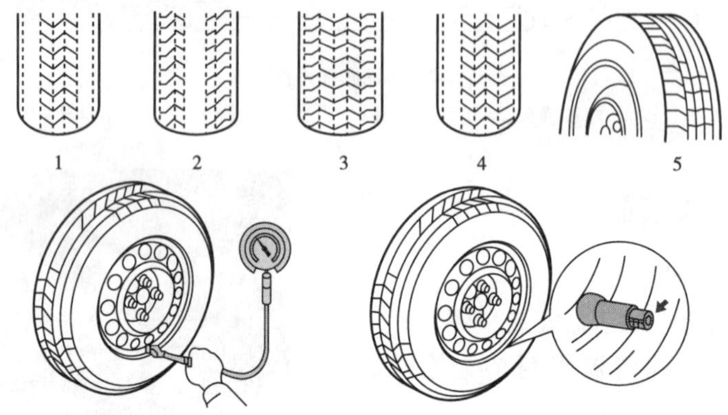

图6-65 检查轮胎异常磨损

1-双肩磨损;2-中间磨损;3-薄边磨损;4-单肩磨损;5-跟部磨损

(5)检查轮胎气压,如图6-66所示。

(6)检查轮胎漏气:检查气压后,在气门嘴周围涂抹肥皂水检查是否漏气。

(7)检查轮圈和轮盘:检查其是否损坏、腐蚀、变形。

四、检查盘式制动器

(1)拆卸制动卡钳并取出制动片,如图6-67所示。

图6-66 测量胎压

图6-67 拆卸制动卡钳

(2)检查制动器摩擦片的厚度,如图6-68所示。

(3)检查制动盘的磨损和损坏:检查制动盘的厚度、是否过度磨损或磨损不均匀、是否磨出沟槽,如图6-69、图6-70所示。

(4)检查制动盘圆跳动,如图6-71所示。

(5)检查制动液渗漏:检查制动轮缸皮碗处是否有制动液渗漏。

五、检查鼓式制动器

(1)检查制动器摩擦片的厚度,如图6-72所示。

(2)检查制动鼓的内径:检查内径并检查是否过度磨损,如图6-73所示。

(3)检查制动片的损坏,如图6-74所示。

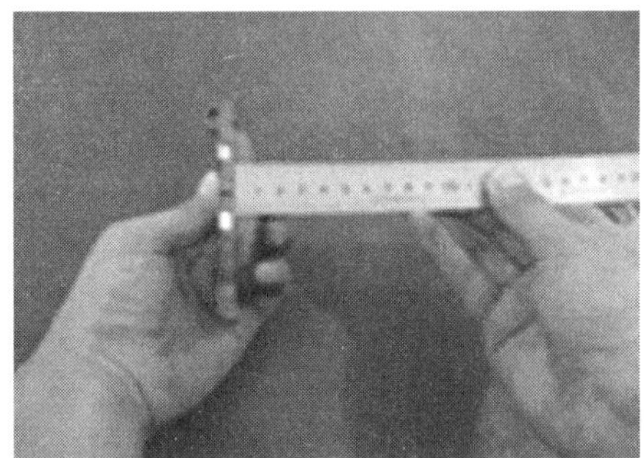

图6-68　测量摩擦片

图6-69　检查制动盘磨损情况

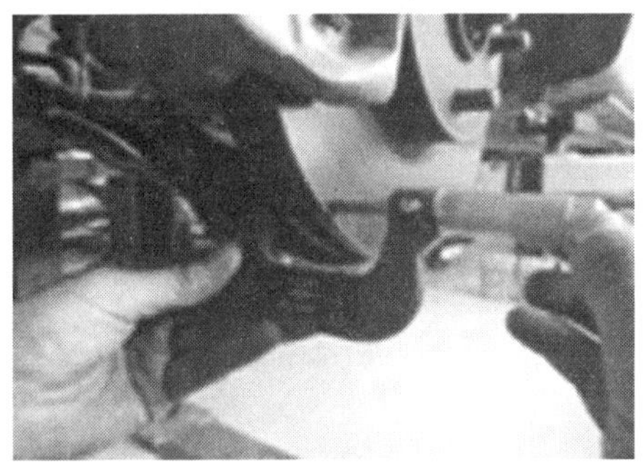

图6-70　检查制动盘厚度

图6-71　检查圆跳动

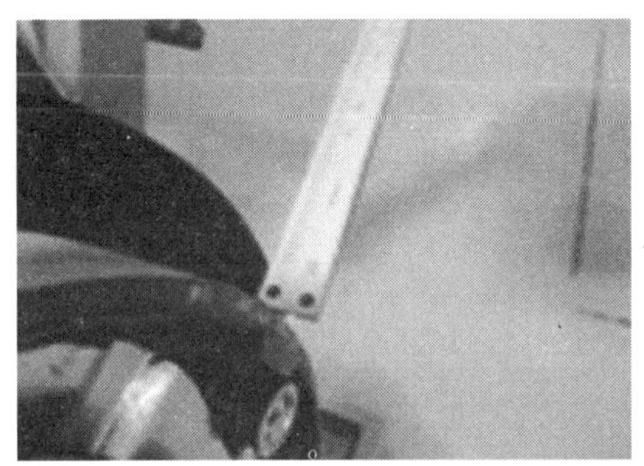

图6-72　检查摩擦片厚度

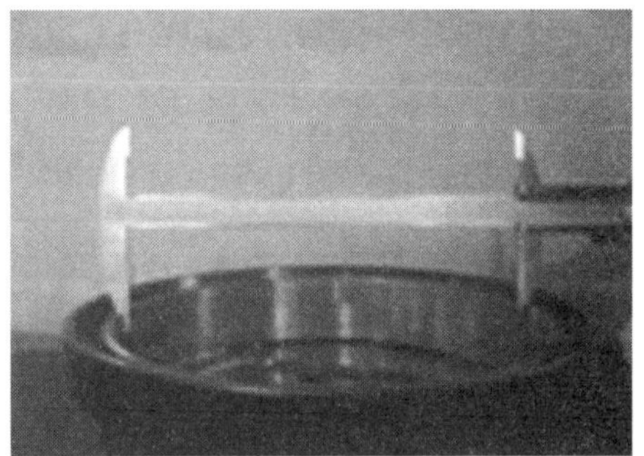

图6-73　测量制动鼓

图6-74　检查制动片

任务五　顶起位置5的检查(举升机升至低位)

一、检查制动拖滞

(1)检查时,间歇使用行车制动器,观察四个制动器是否拖滞,如图6-75所示。

(2)后轮检查时,间歇使用驻车制动器,同时观察驻车制动器是否拖滞。

二、安装制动液更换工具(图6-76)

图6-75　检查制动拖滞

图6-76　制动液更换工具

任务六　顶起位置6的检查(举升机升至中位)

一、更换制动液(图6-77)

注意:从离制动主缸最远的轮缸开始跟换制动液。

图6-77　更换制动液

二、临时安装车轮

任务七　顶起位置 7 的检查(举升机降至低位,轮胎触及地面)

一、起动发动机前的检查

(1)加注机油:按规定数量加注发动机机油,如图 6-78 所示。

(2)检查发动机冷却液,如图 6-79 所示。

图 6-78　加注机油

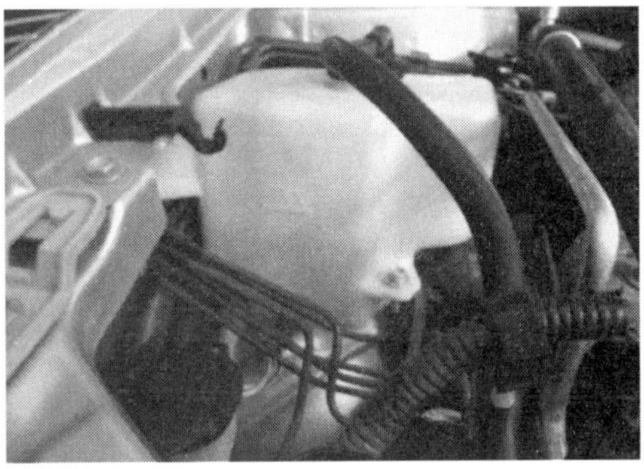

图 6-79　发动机冷却液

(3)检查散热器盖

①检查散热器盖真空阀开启状态,如图 6-80 所示。

②检查真空阀开启压力,如图 6-81 所示。

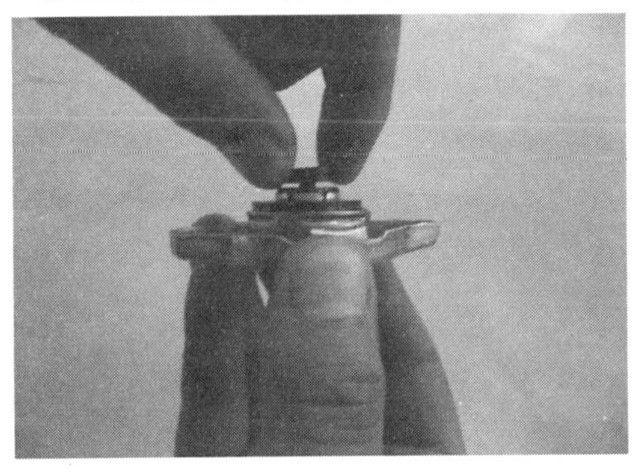

图 6-80　检查真空阀

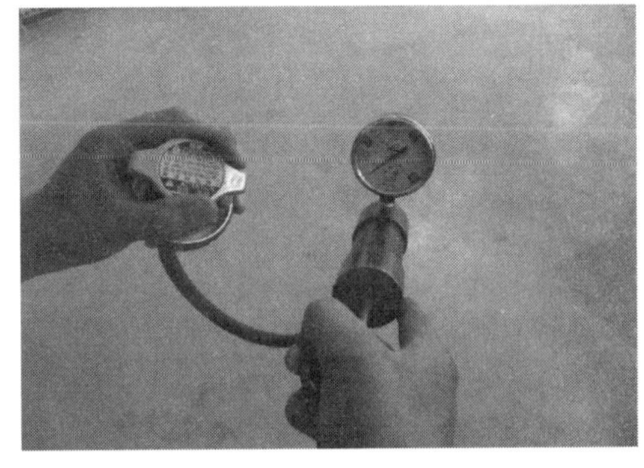

图 6-81　检查开启压力

(4)检查传动带:检查发动机传动带是否老化或损坏,如图 6-82 所示。

(5)检查火花塞,如图 6-83 所示。

(6)检查蓄电池。

①检查蓄电池电解液密度,如图 6-84 所示。

②检查蓄电池通风孔是否堵塞,如图 6-85 所示。

③检查蓄电池桩头是否松动或腐蚀,如图 6-86 所示。

(7)检查制动液。

①检查制动液面位置,如图 6-87 所示。

②检查制动管路:检查制动主缸和 ABS 泵之间的制动管路有无压痕或其他损坏;检查其是否渗漏。

图 6-82　检查传动带

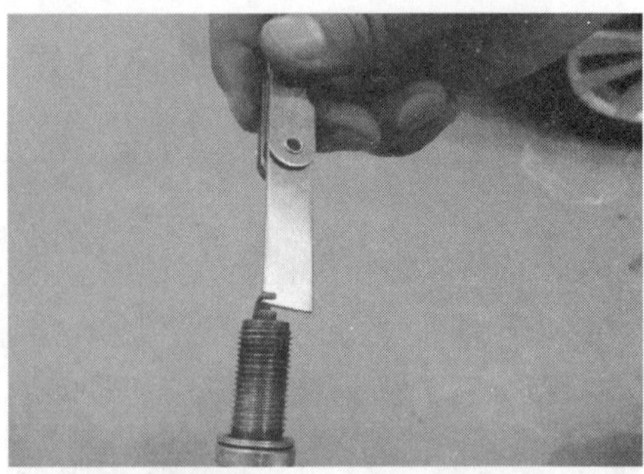

图 6-83　检查火花塞间隙

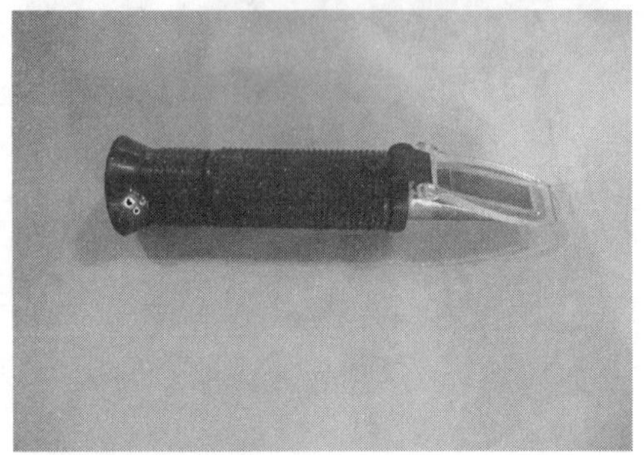

图 6-84　密度测试仪

图 6-85　检查通风孔塞

图 6-86　检查蓄电池桩头

图 6-87　检查制动液面

(8)检查或更换空气滤芯,如图 6-88 所示。

(9)检查喷洗液液位(不足时需添加),如图 6-89 所示。

(10)检查活性炭罐是否损坏,检查阀门的工作情况;

(11)检查前减振器上支撑是否松动。

二、起动发动机进行检查

(1)紧固每个车轮螺栓。

(2)检查 PVC 系统。

(3)检查发动机冷却液液位。

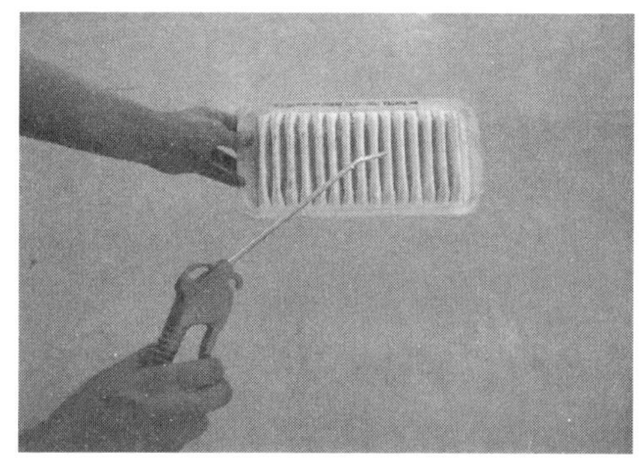

图 6-88　清洁空滤

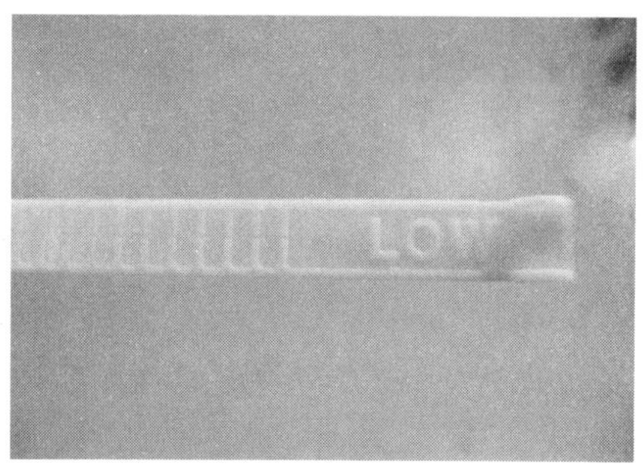

图 6-89　检查喷洗液液位

三、发动机暖机并运行时检查

(1)检查怠速混合气。

(2)检查自动传动桥液液位。

①将变速杆置于各挡位,如图 6-90 所示。

②用油尺测量变速器液液位,如图 6-91 所示。

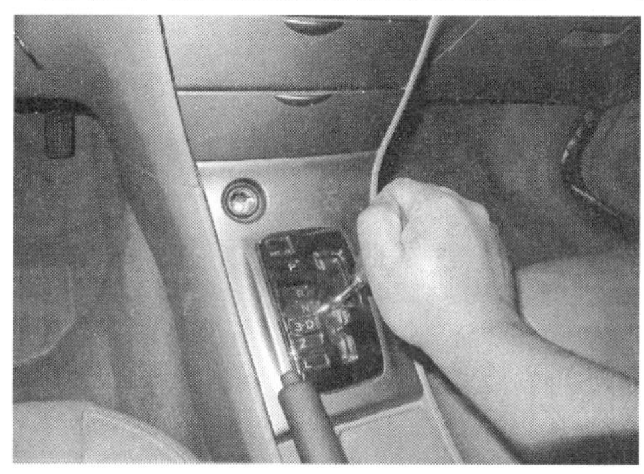

图 6-90　将变速杆置于各挡位

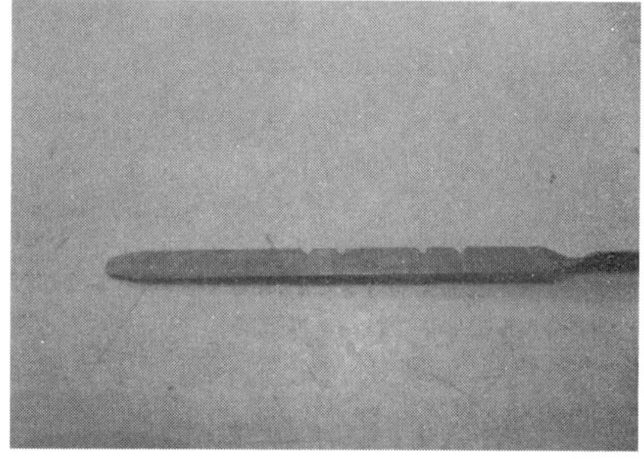

图 6-91　测量油尺

(3)检查空调

①打开 A/C 开关,温度调至最低,如图 6-92 所示。

②风量开至最大。

③完全打开所有车门。

④发动机转速 1500r/min。

⑤观察空调制冷剂观察窗,如图 6-93 所示。

⑥检查空调制冷剂管路各接头处是否有泄漏,如图 6-94 所示。

(4)检查动力转向液:观察动力转向液位指示标线,判断液位(电子助力车辆没有配备动力转向液储液罐)。

四、发动机停机后检查

(1)检查机油液位。

(2)检查气门间隙。

(3)检查燃油滤清器。

图6-92 空调控制面板

图6-93 制冷剂观察窗

图6-94 制冷剂测漏

任务八 顶起位置8的检查(举升机升至高位)

复查你的工作:确认部件检查、部件更换和机油渗漏(发动机机油、变速器油等)。

任务九 顶起位置9的检查(举升机未举升)

(1)拆卸翼子板布和前格栅布。
(2)调整收音机、时钟和座椅位置。
(3)进行车辆清洁。
(4)道路测试后拆卸座椅护套、脚垫和转向盘护套。

复习思考题

一、判断题(对的打√,错的打×)

1. 如果制动液落到了漆面上,让它自干,然后用一块干净的布擦掉。 ( )
2. 检查驻车制动指示灯运行,驻车制动拉杆处于第一个缺口时,该灯要亮。 ( )
3. 起动发动机后,检测前窗玻璃喷水器喷水的落点。这是因为如果蓄电池电压低,将导致

前窗玻璃喷水器的动力不足。 (　　)

4. 无论汽车是否配备动力转向，停止发动机后，检查转向盘转动的自由行程。 (　　)

5. 检查喇叭确保沿着转向盘整个周缘按下都能响。 (　　)

6. 为了检查手动传动桥的油位，卸下加注塞，把螺丝刀或同类工具插入到塞孔内。(　　)

7. 为了检查手动传动桥的油位，拆下加注塞，把手指插入塞孔检查在什么位置油能接触到你的手指。 (　　)

8. 为了检查手动传动桥的油位，拆下排油塞，放出油，测量油量。 (　　)

9. 没有必要去检查手动传动桥的油位，因为油不减少。 (　　)

10. 检查制动器衬块的厚度，如果外衬块比规定的厚度厚，就没有必要检查内衬块。 (　　)

11. 检查制动器衬块，确认它的厚度超过规定的厚度，而且内衬块之间的厚度没有大的差别。 (　　)

12. 检查盘的转子，如果其外表面没有表现出任何磨损或损坏，那么其内表面也被认为是正常。 (　　)

13. 检查盘的转子和衬块之间的间隙，踩下制动器踏板数次，确认盘不转动。 (　　)

14. 蓄电池的电解液温度是20℃(68°F)，检查其中一个单元的比重，在1.250~1.280。 (　　)

15. 蓄电池的电解液温度是20℃(68°F)，检查所有单元的比重，在1.250~1.280。 (　　)

16. 检查蓄电池时，检查所有单元的电解液的高度超过最高值。 (　　)

17. 如果蓄电池电解液液位低，添加自来水到上线。 (　　)

二、简答题

1. 球节垂直游隙过大会导致什么后果？
2. 导致制动拖滞的原因有哪些？
3. 简述跟换制动液的操作过程？

参考文献

[1] 朱军,等.汽车维护实训教材[M].北京:人民交通出版社,2010.

[2] 汤定国.汽车发动机构造与维修[M].北京:人民交通出版社,2005.

[3] 王尚军.汽车常用检测设备的使用[M].北京:机械工业出版社,2009.

[4] 朱忠伦.汽车拆装实训[M].北京:人民交通出版社,2003.

[5] 朱军.汽车发动机拆装实训图册[M].北京:人民交通出版社,2011.

[6] 李伟.汽车典型发动机拆装实训教程[M].北京:机械工业出版社,2008.

[7] 栾琪文.卡罗拉/花冠/威驰轿车快修精修手册[M].北京:机械工业出版社,2010.

[8] 谭本忠.威驰车系电路分析与维修案例集锦[M].北京:机械工业出版社,2009.

[9] 张振生,朱翔野.轿车车身电气系统精选故障排除实例[M].北京:人民交通出版社,2003.

责任编辑：卢仲贤　刘　君　周　凯
封面设计：王红锋

国家骨干院校重点建设专业校企合作教材

奇瑞轿车TSD实训教程
钳工工艺与技能训练
一汽大众轿车TSD实训教程
汽车销售业务实训教程
北京现代轿车TSD实训教程
汽车维修接待实训教程
丰田轿车TSD实训教程

ISBN 978-7-114-10427-5
9 787114 104275 >

网上购书/www.jtbook.com.cn
定　价：26.00元